U0227872

软件开发的艺术

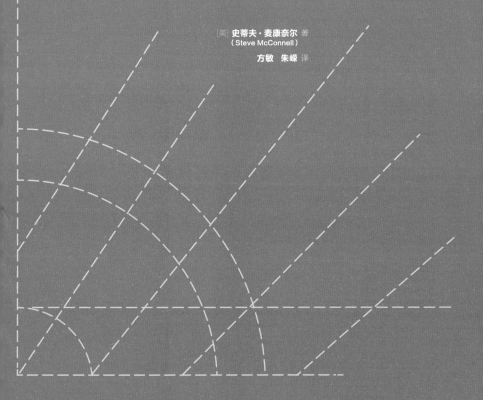

[美] 史蒂夫·麦康奈尔 著
（Steve McConnell）

方敏　朱嵘 译

清华大学出版社

北京

内 容 简 介

　　本书共包含 4 部分 21 章，探讨了软件行业中个人、组织以及行业的现状，解释了如何以工匠精神来打造自己的专业软件开发职业路线。本书对软件行业的所有从业人员有较强的参考性和指导性，适合富有开拓精神的企业和团队阅读。

北京市版权局著作权合同登记号　图字：01-2019-7444

　　图书在版编目（CIP）数据

　　软件开发的艺术/(美)史蒂夫·麦康奈尔(Steve McConnell)著；方敏，朱蝶译.—北京：清华大学出版社，2024.4
　　书名原文：Professional Software Development: Shorter Schedules, Higher Quality Products, More Successful Projects, Enhanced Careers
　　ISBN 978-7-302-58679-1

　　Ⅰ.①软… Ⅱ.①史… ②方… ③朱… Ⅲ.①软件开发 Ⅳ.①TP311.52

　　中国版本图书馆CIP数据核字(2021)第142607号

责任编辑：文开琪
封面设计：李　坤
责任校对：方　媛
责任印制：刘海龙
出版发行：清华大学出版社
　　　　　网　　址：https://www.tup.com.cn, https://www.wqxuetang.com
　　　　　地　　址：北京清华大学学研大厦A座　　　　邮　　编：100084
　　　　　社 总 机：010-83470000　　　　　　　　　　邮　　购：010-62786544
　　　　　投稿与读者服务：010-62776969，c-service@tup.tsinghua.edu.cn
　　　　　质量反馈：010-62772015，zhiliang@tup.tsinghua.edu.cn
印 装 者：涿州汇美亿浓印刷有限公司
经　　销：全国新华书店
开　　本：145mm×180mm　　印　　张：8.75　　字　　数：377千字
版　　次：2024年5月第1版　　　　　　　　　 印　　次：2024年5月第1次印刷
定　　价：49.00 元

产品编号：081974-01

译 者 序

我们（方敏、朱嵘和周子衿）很高兴翻译了这本书。作者将计算机软件开发的话题提升到更高的层面、更广泛的领域和更深远的影响上加以讨论，阐述了软件工程行业的专业化、软件组织的专业化以及软件人员的专业化，介绍了软件工程的知识体系、教育培训、行业标准和科技推广等。作者在当时的很多设想和创新如今都已经变成了现实，软件已成为世界上无处不在的关键技术和组成部分，影响着人类的方方面面。人类对软件工程的标准和要求也更高，进一步要求软件开发过程更加专业高效，软件产品和服务进一步满足用户的需要。

作者史蒂夫·麦康奈尔（Steve McConnell）是国际公认的软件开发实践思想领袖，是计算机软件工程和项目管理的大咖。他至少写过7本相关著名书籍，包括《代码大全》《软件开发的艺术》《软件项目的艺术》以及2019年出版的《更有效的敏捷：软件领导者的路线图》等。他与比尔·盖茨和林纳斯·托瓦兹一起被《软件开发》杂志的读者评选为软件行业最有影响力三大人物之一。他担任过许多软件行业的职务，包括 IEEE 软件杂志的总编辑及 IEEE 计算机协会专业活动委员会主席等。

这本书的中文译名是《软件开发的艺术》，英文直译是"专业软件开发"。本书并没有把重点放在当时的软件开发编程的细节上，例如，开发环境、软件设计、软件编程、开发工具等，否则书中的大部分内容早已过时，而是放在软件工程、软件行业、知识体系、组织建设、创新策略上，所以本书非常经典，仍然具有很高的借鉴价值。如果读者感兴趣开发细节，可以阅读作者的其他著作《代码大全》和《快速开发》。

本书共有 4 部分 21 章，主要讨论了三个主题。

1. 软件行业的专业化（第 I 部分和第 IV 部分）。软件工程是计算机科学的二级学科，要有正式的定义及相应的知识体系。在大学及以上教育要设立专门的软件工程专业和课程，目的是培养软件工程师。要建立社会上的软件职业培训、继续教育和软件社区。要设立正式的学术认证、技术认证和工作许可证制度，建立职业道德准则和专业实践。要合理利用创新机制，建立有效的渠道传播和推广已被实践验证的创新技术。

2. 软件组织专业化（第 III 部分）。定义了衡量软件组织优劣的标准，介绍了软件过程改进后的收益、投资回报率、估算准确性和间接效益。必须彻底改变无计划、边做边改的低效开发方式。要量化分析软件人员因素，设立职业发展阶梯，建立统一的职称分级和职业专业化。

3. 软件人员专业化（第 II 部分）。需要了解软件人员的个性、教育背景和工作特点，提高开发人员的软件意识水平，扬长避短，人尽其才。

在我们看来，本书有以下现实意义。

1. 软件开发的重要性：在全球互联网、信息爆炸和人工智能时代，无形的计算机软件产品服务无处不在，软件工程及编程开发变得至关重要。

2. 问题依旧：虽然现代的软件产品和服务的种类、规模和复杂程度与 20 年前不同了，但是软件专业开发依然面临同样的问题：如何确保软件项目能够成功完成，满足有效的时间进度和成本要求，交付高质量的软件产品。

3. 全方位的思考：作者在书中不是就事论事地解决软件开发的问题，而是考虑软件工程、知识体系、推陈出新、人才教育、专业发展体系、认证制度、职业道德等。总而言之，阅读这本书可以得到很多的专业启发。

翻开《软件开发的艺术》，有一种似曾相识的感觉。方敏于 1990 年加入微软公司，做过几年的软件工程师，又做过 20 多年的软件质量管理总监，曾对多项拳头产品的研发做出重大贡献，和世界一流的开发团队一起工作过。他见证了麦康奈尔先生在书中描述的部分内容，非常认同书中的许多观点，同时也见证了微软公司在软件开发架构和软件人员管理培养方面的多次重大变革。前事不忘，后事之师，也许，这正是这本书的价值所在。

本书适合以下涉及软件开发的读者。

1. 软件开发人员将了解如何成为真正的专业软件开发人员。

2. 管理项目或管理团队的经理将学习如何有效地管理软件团队和软件项目。

3. 政府机构和软件学会的负责人在制定政策时既要考虑加强监管又要考虑鼓励和推广工程创新和应用。

4. 一般读者可以从本书中了解专业软件开发的知识。

关于"译者有话说"，这是我们对书籍翻译出版的创新和尝试。碎片化的阅读习惯，使得人们没有耐心阅读长篇文章或书籍。在编辑的建议下，我们根据自己的理解对每章内容进行总结，通过"译者有话说"的方式来帮助大家快速了解当前这一章的要点，为接下来的深入学习做好准备。

关于著译者

史蒂夫·麦康奈尔（Steve McConnell）

Construx 公司的首席软件工程师，他身兼数职，既领导着一些软件项目，也为其他公司的软件项目提供咨询，还撰写过不少书籍和文章。他是《代码大全》和《快速开发》两本书的作者，他因这两本书而获得了《软件开发》杂志颁发的震撼大奖。史蒂夫还撰写过大量技术文章，担任《IEEE 软件》杂志"最佳实践"专栏的编辑。

史蒂夫在华盛顿州沃拉沃拉的惠特曼学院获得了哲学和计算机双学士学位，在西雅图大学获得软件工程硕士学位。他不仅是《IEEE 软件》和《软件开发》杂志编辑委员会的成员，还是《IEEE 计算机》杂志的资深审稿人和 IEEE 计算机协会与 ACM 的主要贡献者。

史蒂夫和他的妻子苔米（Tammy）以及两只宠物狗欧弟（Odie）和戴西（Daisy）住在华盛顿州贝尔维尤市。

如果对本书有任何意见或疑问，请通过邮件联系史蒂夫：stevemcc@construx.com，或者访问史蒂夫的网站 http://www.construx.com/stevemcc/。

方敏

在美国微软公司工作 25 年，作为产品的首席测试总监，他对许多微软产品和服务的技术开发和测试做出了重大贡献，包括必应搜索、中国创新项目、Windows 服务器、SQL 服务器、COM+ 服务、MSN 和 IT 等。他具有 20 多年的工程技术团队和项目的管理经验，熟悉软件敏捷开发和经典的软件项目管理，注重发挥团队的优势和创新，不断地追求用户满意度，努力提高产品质量和效率。

方敏是微软美国华人协会的联合创始人，该协会已有几千名会员。作为美国西雅图地区的知名职场发展专家，他热心于提升在美华人的国际市场竞争力。他应邀为清华大学举办过多次国际职场发展和软技能讲座培训。方敏最早在中国航天部从事微机开发工作。他在清华大学获得电子工程学士和硕士学位，在美国新墨西哥州矿业技术学院获得计算机硕士学位。

朱嵘

担任过美国英国航空电子系统公司飞行实时控制计算机的质量工程师，负责空客 A320、空客 A340、波音 737、波音 747 等飞机机型的关键质量分析和故障维修。最早在中国航天部二院担任工程师，负责红七地对空导弹通信系统的研制和开发。朱嵘在哈尔滨工业大学获得了无线电工程系信息工程专业的学士学位。

前　　言

说起来容易，做起来难，总有一些事情如此。

——《IEEE 软件》[1]

记得有一次，我们乘坐的飞机正在跑道上等待起飞，突然听到机长紧急播报："飞机的空调系统有问题，无法向机舱正常供氧，我们需要在起飞之前确保空调系统能够恢复正常。我刚刚尝试了重启空调系统，但没有成功，现在必须重新启动整个飞机系统。众所周知，现代飞机由计算机控制，是不太靠谱的。"

飞机熄火，重新启动。随后，我们的航班顺利起飞了，没有发生任何异常。最后飞机落地，走出机舱的那一刻，我悬着的心终于放了下来。

这是一个最好的时代，也是一个最坏的时代。

优秀的软件组织能够有效控制项目，以达到既定的质量目标，并准确预测软件的交付时间，不论是年份还是月份。他们能在预算范围内完成软件项目，不断提升生产力，保持员工士气高涨，让客户非常满意。

- 一家电信公司需要修改大约 3 000 行代码，而整个代码库大约

编注：为了方便广大读者进一步查阅和拓展相关资源，我们对本书英文版中的所有原文注释进行了统一处理。大家可以扫描这里的二维码，查看和下载全书的所有注释。

有 100 万行。他们需要小心翼翼地进行修改,确保至少一年内不会出现任何错误。他们总共花费了 9 个小时来完成所有工作,包括需求、分析、设计、实现和测试。[2]

● 一个为美国空军开发软件的团队承诺只需要 1 年时间和 200 万美元预算就能完成项目,而另一个知名团队对这个项目的报价却高达 2 年和 1 000 万美元。当低价中标的项目团队提前一个月交付项目时,项目经理透露了一个关键信息:团队的成功主要得益于使用了一种已存在多年但并不常用的技术。[3]

● 一家航天公司采取固定价格合同策略为其他企业开发商业软件,结果表明,只有 3% 的项目超出预算,97% 的项目都成功控制在预算之内。[4]

● 一家致力于实现卓越品质的软件公司连续 9 年每年平均产品缺陷率降低 39%,累计减少 99% 的缺陷率。[5]

除了这些成功案例外,软件行业在经济上每年仍为全球带来超过 10 亿美元的额外收入,无论是通过软件销售直接获得,还是间接通过提高效率和创造与软件相关的产品与服务实现。

创建良好软件所需的实践已经确立了,并且可以在今后的 10 年至 20 年或更长时间里使用。虽然某些项目取得了卓越成就,但软件行业整体未能充分挖掘出软件的全部潜力。平均项目水平与顶尖项目水平之间存在巨大差距,许多领域的软件实践要么严重过时,要么不够高效。软件项目的平均表现远远达不到预期,看看下面这些知名的失败案例。

● 美国国税局(IRS)在其软件现代化项目上浪费 80 亿美元,导致美国纳税人每年损失高达 500 亿美元。[6]

- 美国联邦航空管理局的高级自动化系统计划的预算超支 30 亿美元。[7]
- 行李处理系统的问题导致丹佛国际机场的开放时间推迟了一年多。据估计，延误造成的损失高达每天 110 万美元。[8]
- 阿丽亚娜 5 号火箭因为 1 个软件错误导致火箭在首次发射时爆炸。[9]
- B-2 轰炸机①因软件问题而未能按时执行首飞。[10]
- 西雅图渡轮的计算机系统故障导致了十几次的码头碰撞，造成的损失超过 700 万美元。华盛顿州计划投资超过 300 万美元，将渡轮的自动控制系统改回手动控制。[11]
- 虽然很多项目没有发生重大失误，但仍然引发了诸多问题。大约 25% 的软件项目彻底失败，[12] 而项目在被取消时一般已经多花了一倍的预算，约 50% 的项目经历了延期、超预算或被迫缩减功能。[13]

在企业层面，这些失败的项目意味着巨大的机会损失。想象一下，如果在只花费了 10% 的预算而不是 200% 的预算时就能够识别出那些最终会失败的项目并提前砍掉它们，让公司把这些资源重新分配给那

---

① 译注：这样的战略轰炸机最大起飞重量接近 170 吨，但只有 0.1 平方米的雷达反射面积，大小相当于普通鸟类。B-2 在设计上使用了诸多先进的隐身技术手段，如锯齿边缘的机翼和尾翼、特殊涂料吸收雷达波等。在作战能力方面，B-2 也具备长时间独立作战能力，其最大载弹量达 20 吨，不加油的情况下作战半径可达 1.2 万千米。如果可以进行一次空中加油，其作战半径将大幅提升至 1.8 万千米，差不多可以覆盖全球大部分区域。此外，B-2 还配备了当时最先进的电子设备，如相控阵雷达、综合电子战系统等，因而可以在复杂环境下有效地执行任务。B-2 参与过多场实战考验，均保持零损失的记录。

些有潜力成功的项目上。

在国家层面，这些被叫停的项目意味着巨大的浪费。粗略估计，这样的软件项目给美国经济造成了 400 亿美元的损失。[14]

即使项目成功，仍然可能给公共安全或公共福利带来风险。莲花（Lotus）公司的项目负责人曾经接到一位外科医生的电话，说他当时正在进行心脏手术，需要使用电子表格来分析患者数据。[15]《新闻周刊》发表过一张照片，显示战场上的士兵们使用 Excel 来规划军事行动。微软公司的 Excel 技术支持团队确实接到过士兵们从前线打来的电话。

本书的目的

软件开发应该是可预测、可控制、经济上可行且可以管理的。通常，软件开发通常不会以满足这四个要求为目标，但它有潜力同时满足这些要求。本书主要聚焦于软件工程这一新兴行业的发展，探讨如何建立高效且经济的专业软件开发实践。

本书讨论了以下几个主题：

- 什么是软件工程？
- 软件工程与计算机科学有何关系？
- 为什么传统的计算机编程不够好？
- 为什么我们需要软件工程这一职业？
- 为什么要为软件开发专业设计最佳模型？
- 不同的项目或公司在采纳成功策略上存在哪些差异与共性？
- 软件组织可以采取哪些措施来支持专业软件开发方法？
- 软件开发人员如何成长为成熟的专业人士？

- 软件行业应该如何建立真正意义上的软件工程职业发展路线？

本书的组织

本书将从当前计算机编程实践的现状出发，逐步过渡到探索未来可能出现的软件工程职业。

第 I 部分"软件'焦油坑'"将阐述软件领域是如何发展到现在这种状态的。显然，软件领域的现状受到多种因素的影响，我们需要充分理解这些因素，从而促进而不是阻碍软件项目的革新，让人们主动为项目的成功而努力。

第 II 部分"个人专业化"将介绍个人层面上可以采取哪些行动来进一步提高个人的软件专业化水平。

由于软件项目的复杂性，许多关键因素无法仅通过个人努力有效解决。第 III 部分"软件组织专业化"深入讨论了实现软件项目专业化的实践方法。

第 IV 部分"行业专业化"将探讨整个软件行业必须采取哪些措施来推动个人层面和组织层面的专业化进程。

自1999年以来，我学到了什么

我从 1999 年以来获得了下面这些经验教训。

- 对软件开发人员实行许可证制度的提议引发的争议远超我的预期。我依然认为，对一小部分软件工程师进行认证，是保护公众安全和福祉的重要步骤。我曾经试图解释，许可证是改善软件开发专业水平所需要的许多举措之一，但它不是最重要的。

- 软件工程师的培训不必与许可证申请紧密关联。在本科和研究生的教育课程中，可以培养软件开发人员的工程思维，但不必强迫他们成为持证专业工程师。事实上，如果只有不到 5% 的软件开发人员需要获得许可证，那么将大部分教学的焦点集中在许可证上似乎不太合适。

- 当 2000 年 1 月 1 日来临时，世界并未陷入混乱。尽管我不曾认为千年虫（Y2K，即日期从两位数扩展到四位数，比如从 99 变为 1999）会引发灾难，但我确实认为，解决 Y2K 问题的过程比这个问题本身更重要。软件行业采取的补救措施比我预期的更有效。除此之外，Y2K 问题在某种意义上是软件成功开发实践的结果。如果有这么多软件系统的生命周期都超过预期，那么 Y2K 一开始就应该成为问题。

- 现代软件开发在许多方面所取得的成果令人印象深刻，在讨论软件领域的专业化时，我们不应忘记领域内的众多成功案例。我们必须留意，在改善那些有缺陷的做法时，不应该一并舍弃那些已被证明有效的方法。

谁应该阅读这本书

如果你以开发软件为生，可以通过本书了解如何才能成为一名真正的专业软件开发人员。

如果你是软件项目的管理者，可以通过本书了解好项目和不成功的项目之间的区别，探讨如何才能成功完成项目。

如果你是软件企业的管理者，可以通过本书了解系统化的软件开发方法有哪些好处以及如何获得这些效益。

如果你是一名希望在软件领域工作的学生，可以通过本书了解软件工程领域的知识体系，以及软件工程领域的职业前景。

软件开发的专业化

行业研究人员通过长期以来的观察发现，在同一行业内，不同组织的生产效率有高达 10 倍的差异。最近的研究甚至显示，这种差异可能高达惊人的 600 倍。[18] 那些最高效的软件组织的确表现优异。

真正的软件工程专业化所带来的好处是不言而喻的。传统观点认为，任何变化都伴随着巨大的风险。然而，在软件领域，最大的风险实际上是保持不变，并继续固守不健康的高成本开发实践，而不是开始采用那些多年前就已被证明更加有效的实践方法。

应该如何改变呢？这正是本书剩余部分的核心主题。

美国华盛顿州贝尔维尤市
2003 年阵亡将士纪念日

简明目录

详 细 目 录

第 I 部分　软件"焦油坑"

第 II 部分　个人专业化

第Ⅲ部分　软件组织专业化

第IV部分 行业专业化

第I部分　软件"焦油坑"

第 1 章　与恐龙搏斗

　　那些不愿意接受创新和改进的人一定会很失望，因为时间是最伟大的创新孕育者。

　　　　　　　　　　　　　　　　　　　　——弗朗西斯·培根

　　1975 年，弗雷德·布鲁克斯（Fred Brooks）将大型软件系统的开发比作是恐龙、猛犸象、猛兽和剑齿虎在黏稠的焦油坑中激战肉搏。[1]他预测，软件工程领域的这种"焦油坑"状况在未来相当长的一段时间内将持续存在。

　　布鲁克斯在 25 年前就提到了这些问题，而在那时，这些问题已经不是什么新鲜事了。如今，软件社区在这些问题的研究上又耗费了 25 年，但他们究竟取得了多大的进展呢？

　　时至今日，许多常见的软件项目问题依然没有得到解决。例如，来自时间进度的压力是当前项目面临的最常见的问题。据估

扫码查看原文注释

计，大约 75%的中型项目和超过 90%的大型项目都经历过进度延迟。[2] 加班已成为许多公司的常态，[3] 现代创业公司因员工的工作时间长而闻名，经常有人说起程序员睡在自己的办公桌下。[4] 早在 20 世纪 60 年代中期，就有一份报告指出："在许多公司中，面对截止期限的压力，程序员经常需要在办公室过夜。"[5] 1975 年，布鲁克斯指出："在软件项目中由于时间不够而导致的错误数量要比所有其他原因造成的错误总和还要多。"[6] 延期的问题至少已有 30 年的历史，人们对此积怨已久。

现代大型软件项目的规模已经发展到了前所未有的水平，超出了过去任何人的想象。以前也曾有过一些规模庞大的项目，例如 Windows NT，它的工作量大约是 1 500 人年，[7] 还有 1966 年完成的 IBM OS/360 开发项目，其规模至少是 Windows NT 预算的三倍。[8]

最近的研究显示，软件项目失败的最常见原因与需求相关，比如定义错误的系统需求，需求定义过于模糊而缺少实施细节，或者需求频繁变动，给系统设计带来了严重的干扰。[9] 但需求问题不是一个新问题，早在 1969 年，罗伯特·福罗施（Robert Frosch）就观察到，一个系统可能满足规范的字面要求，却仍然无法令用户满意。[10]

现代开发人员为了跟上互联网开发的快节奏变化而拼尽了洪荒之力。怎样才能跟上新的编程语言和不断更迭的软件标准，以及供应商每隔几个月就发布的新版本和产品呢？对于我们这些在行业中工作了几十年的人来说，这种情况让人想起了 20 世纪 80

年代中期 IBM PC 开始彻底改变企业计算方式的情景。

　　Fortran 编程语言是在 1954 年至 1958 年开发的，旨在消除对计算机编程的需求，让科学家和工程师可以将他们的公式直接输入计算机，由计算机转换成可执行的代码，因此，该语言被命名为 FORmula TRANslation。尽管 Fortran 未能彻底消除编程的需求，但它确实减轻了对机器语言编程的依赖。时不时地，仍然会有人提起自动编程的概念，[11] 预言计算机将发展到不需要程序员的地步。但过了这么多年，这些预言仍然没有成真。20 世纪 70 年代，有报道说："报刊上还是经常有报道宣称商业人士未来将能够轻松地使用英语与无所不能的机器对话。"[12] 但现实情况是，要想细致地定义一些问题还是有困难的，这方面的计算机编程工作不会消失，新工具虽有其价值，但不能取代逻辑思考。我在 1996 年出版的《快速开发》一书中强调了这一观点，而罗伯特·弗拉斯克也在 20 世纪 60 年代前通过 *IEEE Spectrum* 杂志提出了相似的见解。

　　互联网开发人员经常谈论有关互联网时代的发展的话题。互联网使得开发团队能够轻松推出软件更新，让用户通过电子下载方式接收这些更新。这不仅加快了升级的交付速度，也大大降低了成本。与此同时，还方便了频繁发布软件更新（以满足用户需求）。互联网开发者普遍认为，用户宁愿尽早获得软件，也不愿为了一款完美的软件产品而等待漫长的时间。有时，互联网开发者甚至还说："抢先上市比做出优秀的产品更重要。"

　　这种观点听起来是不是有些奇怪？一些互联网开发者认为这

是互联网项目的特性，但业界老一辈人明白，这其实反映了一些更传统的原则：降低产品发布成本、简化缺陷修复过程、减少故障和损失。这些原则与管理良好的传统大型计算机环境中的生产流程不谋而合。

纵观 25 年的软件开发历史，我们得出的结论既鼓舞人心又让人失望。失望之处在于，一些问题已经存在了 25 年甚至更久，却依然普遍存在，我们似乎在"焦油坑"里挣扎了太久。但从另一个角度来看，这件事也是鼓舞人心的。正因为有充足的时间去研究这些问题，所以我们已经能够辨识出它们的模式了。在本书的剩余部分，我将深入讨论这个话题，探索解决这些长期问题的方法。

❧ 译者有话说 ❧

本章作为《软件开发的艺术》一书的开篇，一开始就把软件工程长期面临的重大问题摆在了读者面前。

1. 软件工程的管理混乱，随着巨型软件工程的增加而变得尤为明显。

2. 员工面临时间进度的压力，频繁加班。

3. 软件需求的定义错误或不详细，软件产品虽满足规范的文字要求，但仍然不能令用户满意。

4. 互联网疯狂变化使有些人认为，抢先上市比产品优秀更重要。

5. 原以为计算机高级语言可以完全代替人工编程，但事实并非如此。

作者想通过这本书全面介绍软件工程的知识体系和专业化的必要性，以便帮助解决普遍存在的问题。

第2章 假 黄 金

> 期望着一顿美味的早餐，结果等到的却是一顿糟糕的晚餐。
>
> ——弗朗西斯·培根

软件问题之所以长期存在，部分原因是人们对一些常见的、无效的做法习以为常。回顾 19 世纪中叶的加利福尼亚淘金热时期，许多淘金者被黄铁矿——一种闪闪发光且看起来像黄金的矿物——欺骗了。不同于黄金，黄铁矿易碎，是片状的，几乎毫无价值。经验丰富的矿工们知道，真正的黄金是柔软的、可塑的而且不会在压力下破碎。几十年来，软件开发人员也常常受到"假黄金"的诱惑误入歧途。这些错误的实践就像是软件界的黄铁矿，看似有价值，但实则脆弱不堪、毫无用处。

扫码查看原文注释

移动巨石

让我们把时钟调回加州淘金热之前的许多个世纪，假设你正参与建造古代金字塔的工作，你的任务是从 10 千米外的河流处将巨石运输到金字塔的施工现场，如图 2-1 所示。你需要在 100 天内，借助 20 个工人的力量完成这一任务。你可以使用任意方法来将巨石送到目的地。这意味着平均每天需要将石头向金字塔方向移动 100 米，或者必须设法减少剩余路程所需的时间。

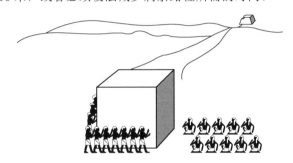

图 2-1　可以把软件项目想象成沉重的巨石。必须每天向前移动巨石，
　　　　使它更靠近最终的目的地，或者必须采取一种有效的办法，
　　　　减少抵达目标所需要的时间

一些搬运团队可能会立即开始行动，试图利用蛮干的方法移动巨石。如果移动小石头，这种方法可能会奏效，但是对于躺在沙漠上的沉重巨石而言，采用这种方法不可能快速移动巨石。如果每天只能移动巨石 10 米远，这种进度肯定不会令人满意，因为团

队每天都比计划落后了 90 米，移动的"进度"远远达不到要求。

　　聪明的搬运团队不会盲目地尝试用蛮力移动巨石。他们知道，除非是搬运很小的石头，否则在他们投入大力气搬运石头之前，都需要先花时间规划移动路径。分析了这项任务后，他们可能决定砍一些树，将树干用作滚轮来辅助移动，如图 2-2 所示。尽管这项准备工作需要花费一两天时间，但这种方法极有可能大大加快巨石的移动速度。

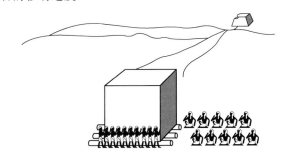

图 2-2　不论是移动巨石还是开发计算机软件，聪明的团队都会在项目开始前花时间做计划，以便又快又好地完成工作

　　如果附近没有树，团队可能需要花费几天时间沿河边寻找合适的树木。这样的前期探索虽然耗时，但却是值得的，因为试图靠蛮力移动巨石的团队每天可能只能移动计划距离的几分之一。

　　同样，聪明的团队会考虑到，为了确保顺利移动，必须先对巨石将要经过的路径进行适当的准备，比如在沙漠地面上铺设一条平坦的道路，这在需要移动多块巨石时尤其关键。

　　经验丰富的搬运团队可能会从建立滚木和道路系统入手。他们很快会意识到，如果滚木数量有限，就需要频繁地停下来，将后方的滚木重新搬运到前方，然后才能继续移动。如果额外准备一些滚木并专门安排几个人负责搬运任务，团队将能够以稳定的速度持续前进。

他们还可能会注意到，巨石后部的宽度是固定的，所以只有有限的几个人能够从后面推巨石，无法充分发挥所有团队成员的力量。为了解决这个问题，他们可能会创造一种牵引系统，如图 2-3 所示。一部分团队成员在后面推动，而另一部分人在前面通过牵引带拉动巨石。随着更多人承担更多不同的角色，每个人的负担都减轻了，相比之前的方法，新策略更容易保持较快的速度。

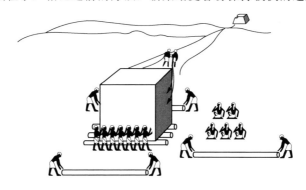

图 2-3　聪明的团队会不断地寻求更有效的工作方法

巨石和软件

将移动巨石的任务与软件开发相比较，我们可以发现两者之间有着惊人的相似性。如果你有 100 天的时间完成一个软件项目，那么你每天需要完成 1/100 的源代码，或者需要设法提高效率。创建源代码的工作没有移动巨石那么直观，因此在软件项目初期很难准确地衡量进度。软件项目特别容易受到"最后一分钟综合症"的影响，其表现是，团队在项目开始时没有紧迫感，导致时间在不知不觉中流逝，而等到项目截止日期前的最后阶段时，团队将陷入混乱的赶工之中。如果将项目的源代码想象成巨石，就很容易理解为什么不能指望等到项目的最后阶段再冲刺。软件项目经理每天都应该问："我们今天是否按照计划推进了项目，离最终目标又近了一步？如果没有，我们能否在剩余的任务中减少一天的工作量？"

移动巨石和创建软件的另一个相同点是，无论你做多少计划，你都必须采取行动来移动巨石或编写源代码。除了超小型项目之外，几乎所有编码任务都涉及大量繁琐的细节，而人们很容易低估这些细节的工作量。

边做边改的编程模式

在软件开发领域，一个常见的争论是要不要先投入时间进行规划和设计。大约 75%的软件项目团队在项目刚开始时便选择直接开始编码，尽全力"推动项目巨石"。[1] 这就是所谓的"边做边改的编程模式"，即团队在没有进行充分规划或设计的情况下就开始编码。这种情况有时是因为开发人员急于开始编写代码，有时是因为项目经理或客户希望尽快看到一些实际进展。除了非常小的项目之外，边做边改的编程模式的效率往往是最低的。

就像用蛮力推动巨石的办法一样，边做边改的编程模式的问题在于，先开始移动巨石并不一定意味着能够先到达终点。采用更先进策略的团队会在关键位置构建支撑结构，从而提高项目的整体生产效率，有效地推进项目。他们会在巨石下铺设滚木，清理道路，集结整个项目团队的力量。虽然边做边改的办法一开始能抢跑一小段距离，但它无法确保项目能够持续、有效地前进。蛮干的办法是不能持久的，并且通常会导致项目早期累积数百甚至数千个缺陷。研究显示，典型的软件项目需要使用 40%到 80%的预算来修复早期产生的这些缺陷。

图 2-4 说明，使用边做边改的办法随着时间的推移生产力逐渐消失。在项目的早期阶段，项目团队几乎或根本没有在项目规划和过程管理上投入足够的努力。少数的一些努力没有产生效果（即非生产性的工作），大量时间和资源都被投入到了编程之中。项目进展过程中，主要精力逐渐转移到了修复日益增多的缺陷上。到项目结束时，边做边改的编程模式往往导致大量时间被消耗在解决项目早期产生的问题上。

图 2-4 中，如果幸运的话，一些使用边做边改方法的项目可能在经历过低效的颠簸期后还有一点时间来有效地完成其他工作。而如果运气不好，项目会在这种低效颠簸期或在项目规划和流程管理上耗尽所有资源，导致项目进度最终陷入停滞（《软件项目的艺术》[3]）。

如图 2-4 所示，一些采用"边做边改"编程方法的项目相对幸运，能够完成并取得一定的编程进展。然而，不那么幸运的项目则会滞留在图中的最右边，他们的所有可用资源都耗费在了计划、流程管理以及持续的问题处理上，没有取得任何实质的编程成果。如果没有足够的前期规划，代码很快就会变得支离破碎且容易出错。一些项目能采取有效的急救措施，将团队拉回图中左边的状态，并最终发布一个可用的软件。而剩下的项目最终将被取消。

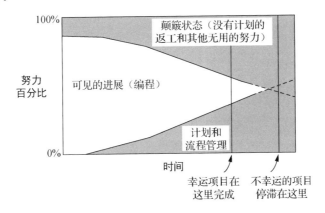

图 2-4 虽然令人沮丧，但并不见得夸张

研究报告指出，大约有 25% 的软件项目最终会被取消。[4] 当项目被取消时，它们通常已经超出了预算的 100%，陷入了无止境的调试、测试和修复的恶性循环中。项目被取消的主要原因是人们失去了信心，认为这些项目的质量问题无法得到解决。

讽刺的是，那些未能成功的项目最终还是会采取事先进行规划和流程管理的方法，正如成功项目所做的那样。团队必须建立一个缺陷跟踪机制来管理所有报告的错误，并在发布日期临近时仔细地重新评估进度和预算。在项目接近尾声时，团队可能会更频繁地（大约每周 1 次，甚至每天 1 次）重新估计发布时间。团队会安排时间与项目利益相关方交流，确保他们对项目成功发布有信心。团队将开始追踪缺陷，并严格要求开发人员在将代码集成到已调试的项目代码之前，必须遵循特定的代码调试标准。如果在项目后期开始实施这些措施，那么它们带来的好处将会大打折扣。

有严重问题的软件组织与高效的组织在项目早期阶段所做的工作大相径庭。如果项目从一开始就顺利进行，就不需要采取各种后期的纠正措施了。

如图 2-5 所示，高效的软件团队在项目的构建阶段只会花费相对较少的预算，以最低的成本和最短的时间开发出最可靠的软件。而效率不高的软件团队实际上将整个预算都花在了编程和修复错误上，未能有效地为后续工作奠定良好的基础，导致总体预算大幅增加，更多细节可以参见第 14 章。

"边做边改"的开发模式之所以依然盛行，主要是因为它在两个方面具有吸引力。首先，它让项目团队能够立即取得进展，可以在第 1 天就将巨石移动 10 米远。相比之下，那些更为高效的团队可能还在砍树和铺路，为未来的顺畅运输做准备，但是在移动巨石这一核心目标上还没有具体的进展。如果经理和客户对成功项目的运作机制不够了解，他们或许更偏爱"边做边改"的办法。第 2 个原因是，边做边改的软件开发不需要专门的培训，降低了进入软件开发行业的门槛，因此成了一种默认选择。

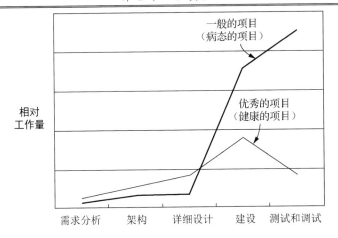

图 2-5　先进的软件开发方法要求在项目的早期阶段做更多的工作，

以消除项目后期不必要的大量工作 [6]

　　然而，"边做边改"方法实质上是一种软件开发的误区。虽然乍一看似乎合理，但经验丰富的开发者普遍认为它没什么价值。

注重质量

　　有些人认为可以通过减少项目的测试或技术评审的时间来缩短软件项目周期，那些喜欢边做边改开发方式的人会说："测试和技术审查是没有必要的开销！"但实践经验表明，试图通过牺牲质量来节省成本或时间，实际上会增加项目的成本和延长项目周期。

　　图 2-6 显示，具有最低缺陷率的项目往往也是完成周期最短的

项目。这表明，通过早期修正缺陷，绝大多数项目能够有效缩短其整体完成时间。[7]

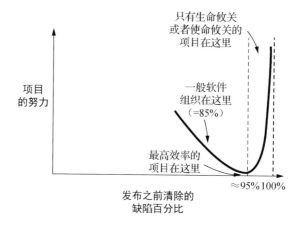

图 2-6　项目在发布前清除大约 95%的缺陷被证明是最高效的做法，

这样的项目在修正自身产生的缺陷上花费的时间最少

　　如果想修正更多缺陷来进一步提高质量，所需的工作量会显著增加。如果清除的缺陷低于 95%，项目应该尽快地消除更多的缺陷以达到最佳的效率。目前，大约 75%的软件项目并未达到这一最佳效率水平。对于此类项目，如果不想把时间花在修复缺陷上，而是想通过牺牲质量来节省成本或缩短时间，最终往往是得不偿失的。这类做法也是软件行业常常出现的状况。IBM 在 20 世纪 70 年代的研究中发现，那些致力于缩短完成时间的项目的成本和时间最终往往都会超支，而那些专注于降低缺陷率的项目却实现了最短的完成时间和最高的生产效率。[8]

银弹造成的假象

能创造出最高生产率的技术和方法被称为"银弹",因为这些子弹可以一举解决生产效率低下这个"狼人"。[9]数十年来,软件行业一直被各种声称能显著提升开发速度的创新技术所困扰。20 世纪 70 年代,第三代编程语言横空出世;80 年代,人工智能和 CASE 工具被视为能巨幅提高开发速度的革新者;90 年代,面向对象编程被认为是生产效率的新飞跃;而 21 世纪初,互联网开发开启了新的篇章。

假设搬运巨石的项目团队一开始尝试使用人力来移动巨石。几天后,团队负责人意识到进展速度太慢,无法达成项目目标。幸运的是,他听说有一种名为"大象"的神奇生物,体重几乎是成年人的 100 倍,力大无穷。项目负责人组织了一次探险,想要捕获一头大象来帮助团队搬运巨石。三个星期后,团队带着一头大象回来了。他们给这头庞然大物套上了器具,用鞭子抽打它向前走。大家都屏住呼吸,期待着它能快速地移动巨石,甚至希望能提前完成任务。大象开始向前拉动巨石了,其速度远远超过人力拉动巨石的速度。但就在这时,意外发生了,大象向后一坐,挣脱了束缚,压断了两边的架子,然后以每小时 40 千米的速度跑掉了,如图 2-7 所示。运石团队垂头丧气,有人反思:"在让大象搬运巨石之前,我们或许应该花更多时间了解如何驯养大象。"团队在寻找大象的过程中浪费了超过 20%的时间,还失去了两位队友,而搬运巨石的任务却没有取得任何进展。

这便是"银弹综合症"的典型案例。

图 2-7 银弹创新往往达不到预期

大象的比喻非常生动形象。罗伯特·格拉斯（Robert L. Glass）在 *Software Runaways* 一书中记录了 16 个项目失败的故事。[10] 他所描述的其中 4 个项目曾被寄予厚望——极有可能取得突破性的成功，因为他们使用了堪比银弹的创新。然而，正是这些创新尝试最终导致了他们的失败。

在改进组织流程的过程中采取敷衍应付的态度将会制造出一种特殊的银弹。一些软件组织尝试引入流行的管理概念来推动组织改进，如全面质量管理（TQM）、质量功能部署（QFD）、软件能力成熟度模型（SW-CMM）、零缺陷、六西格玛、持续改进、统计过程控制等。这些实践都很有价值，但成功实施的关键在于关注其实质而非仅仅追求形式。如果这些实践沦为空谈，那它们几乎是毫无价值的。一些组织每隔 12 个月就轮换一次这些方法，仅仅在形式上追随管理界的流行趋势，号召员工提高质量和生产率，而实质上依旧保持低效率的运作机制。经过多年的说空话式管理，全体员工会对喊口号的行为感到极度厌恶或麻木，这为想要根除"边做边改"开发模式的顽疾增添了更多挑战。

如果正确的创新应用到合适的项目中，得到了适当的培训支持，满足了合理的期望，那么这种创新将作为一项长期战略带来巨大的收益。但创新既不是魔术，也不是唾手可得的。当软件组织带着急功近利的心态追求创新时，这种创新便成了一种假大空的"银弹"。

软件不"软"

另一种"假黄金"观念就是认为软件是"软的"，而硬件是"硬的"，难以更改。软件最初被命名为"软"件，是因为软件很容易更改。在计算机编程的初期，对于小型程序而言，这一点的确成立。但随着软件系统的日益增长和复杂化，认为软件易于修改的观念逐渐演变成了软件开发中最具误导性的一个观点。

研究表明，试图利用软件的所谓"柔软性"随意更改需求，是导致成本和进度超支的常见问题之一。这是造成项目被取消的主要原因之一，而且在某些情况下，需求变更会导致产品不稳定，甚至令项目无法完成。[12]

让我们通过一个简单例子来阐明软件并非人们所想象的那样"软"。假设需要设计一个系统，起初的需求是打印一套报告 5

份，而最后需求变成了打印 10 份。面对这一变更，需要考虑几个"软"的问题。

- 报告的最大数量是否为 10 份？
- 未来的报告是否与最初的 5 份报告相似？
- 是否总是需要打印所有报告？
- 是否始终以相同的顺序打印这些报告？
- 用户能在多大程度上修改报告内容？
- 是否允许用户定义自己的报告？
- 报告是否可以动态定义并改变？
- 报告是否需要被翻译成其他语言？

不论软件设计得多么周密，总有一些方面使得软件变得不那么灵活。以打印报告为例，以下几个方面都可能会变得"难以改变"：

- 需要定义超过 10 份报告；
- 定义与初始报告集不同的新报告；
- 打印报告的子集；
- 以用户自定义的顺序打印报告；
- 允许用户修改报告的打印格式；
- 允许用户针对特定需求定义报告；
- 将报告翻译成另一种使用拉丁字母的语言；
- 将报告翻译成使用非拉丁语的从右到左阅读的另一种语言。

即使不了解具体报告的细节或不知道用于打印这些报告的系统，也能提出许多关于软件"柔软性"的问题。只凭借"一些报告"这一条信息，就足以引发对软件柔软性的各个层面的探讨。

虽然人们常说软件开发者应该设计尽可能灵活的软件，但实际上，灵活性是一系列几乎无限的变量，而每增加一个变量都是有成本的。如果用户只是需要一套标准化的、预设格式的 5 份报告，且这些报告总以固定的组合、顺序和语言被打印，那么软件开发者就不应该开发一个复杂的、允许生成高度个性化报告的工具。与提供用户真正需要的基本功能相比，这种高度个性化的报告可能会导致客户花费多达 100 至 1 000 倍的资金。用户（无论是客户还是管理者）有责任帮助软件开发人员明确需要哪方面的灵活性。

灵活性不是免费的。尽管在项目初期限制灵活性可能会节省一定的资金，未来需求的变化却可能导致需要进行大量额外的投资。工程上的挑战在于衡量现有的需求与潜在的未来需求，从而决定现在制造的"器件"应该是多"软"或多"硬"。

如何识别假黄金

综上所述，我们可以将以下几点用作自我检查的准则，或者说是经过仔细评估的证据，来识别软件开发中的假黄金。

- 成功的软件项目不会急于开始编写源代码。
- 不能通过牺牲缺陷管理来换取成本或进度的优势，除非确实需要让系统抢先上市。专注于减少缺陷的数量，成本和时间进度也将随之改善。
- 寻找所谓的"银弹"解决方案对项目的长期健康是有害

的，尽管许多供应商仍在将其用作营销手段。

- 流于形式地改进流程是一种有害的"银弹"，因为它破坏了未来改进的机会。
- 尽管名字叫"软"件，但软件并不柔软和易于修改，除非从设计之初就考虑到了这一点。确保软件具有高度灵活性通常需要付出巨大的代价。

软件行业已经积累了 50 年的经验和教训。最成功的人士和组织已经把这些经验铭记在心了。在打造真正的软件工程行业的道路上，学会抵制这些常见的误区无疑是我们必须采取的第一步。

∽ 译者有话说 ∾

作者在本章中进一步展开了前一章对软件问题的讨论，通过讲述搬运巨石修金字塔的有趣故事，引出软件工程长期存在的"假黄金"现象。人们对一些常见的、无效的做法习以为常，不思改变。典型问题如下。

1. 边做边改的软件开发方式：没有事先全面计划软件项目，拿到项目后急于写源代码，结果造成返工、纠错、重新设计和低效率。

2. 不重视质量：行业经验表明，尝试以成本或时间交换质量的做法实际上增加了成本和时间。

3. 认为软件可以轻易改变：一些研究发现，最常见的现象是利用所谓的软件柔软性，试图任意改变软件的需求，这种现象造成了成本超支和延期。

4. "银弹"的诱惑：能创造出最高生产率的技术和方法被称为"银弹"，软件行业一直受到各种创新宣传的困扰，很多失败案例是由于"银弹"的风险所造成的。

总之，这些问题迫使软件开发领域要进行大的改变，形成专业软件工程知识体系和行业规范，以便消除以上的软件行业问题，提高软件生产效率和产品质量。

第 3 章 货物崇拜与软件工程

　　南太平洋岛屿上的原住民看到装备先进的飞机降落在岛上后带来了丰富的物资，于是便期待着这样的事情再次发生。他们把地面布置成飞机跑道，在跑道两侧点上篝火，甚至还搭建了一间小木屋，让一个人戴着木制耳机坐在里面充当地勤人员，手持竹竿当天线，试图以这样的形式来迎接飞机再次光临。他们的行为在形式上无可挑剔，看似重现了过往成功的场景，但实际上缺少了关键的功能元素——真正的飞机和物资。我把这种情况称为货物崇拜式的科学（草包科学），即伪科学，因为尽管他们表面上遵循所有的科学规则和调查程序，实际上却缺少吸引飞机再次降落的核心功能要素。

——理查德·费曼 [1]

扫码查看原文注释

我认为有必要对两种不同的软件开发方式进行比较：一种是"过程为导向"的开发，另一种是"承诺为导向"的开发。面向过程的开发方式注重通过周密规划和设计精良的流程，高效地利用时间，并且运用最佳的软件工程实践来推动项目进展。这种方法之所以能够取得成功，是因为软件组织在实施过程中不断地改善和完善这些流程。虽然最初的尝试可能效率不高，但随着对过程的持续关注和优化，每一轮尝试都会比上一次更有效率。

承诺为导向的开发有几个名称，包括"以编程高手为导向的开发"和"赋权给个人的开发"。面向承诺的组织的特点是雇用最优秀的人才，要求他们一力承担项目责任，给予他们极大的自主权，最大限度地激励他们，然后期待他们每周工作 60、80 或 100 小时，直到项目完成。以承诺为导向的开发通过激发编程人员的巨大潜力来提高他们的生产效率。长期的研究发现，赋权给个人的方式是迄今为止对生产力贡献最大的因素。[2] 开发人员对项目的个人承诺和全力以赴是推动项目成功的关键。

软件开发的效仿者

在掌握了两种软件开发方式后，任何一种方法都能够以经济高效的方式创造出高质量的软件。然而，这两种方法的缺点也颇为类似，难以断言哪种方法更胜一筹。

效仿过程为导向的软件组织在他们的运行实践上一味追求过程的重要性。他们效仿那些面向过程的成功机构，如美国宇航局软件工程实验室和 IBM 前联邦系统部门。因为观察到那些组织撰写了大量文档并经常召开会议，所以他们得出结论：如果撰写同样多的文档和举行同样多的会议，他们就也能取得成功。如果文档和会议比那些组织还多，那么他们会更成功！但这些软件组织不明白文档和会议不是项目成功的关键因素，只是有效过程的副产物。我们称这样的组织是官僚主义，因为他们将软件过程的形式置于内容之上。滥用过程会导致士气下降，从而导致生产力下降。在这样的环境中工作，员工的不满将会逐年累积。

效仿承诺为导向的软件组织只把重点放在激励员工加班上。他们分析了像微软这样承诺导向的成功企业，并观察到这些公司创建的文档很少，为员工提供股票期权，并要求员工频繁加班。于是他们得出了结论：如果大幅减少文档工作，提供员工股票期权，并要求员工频繁加班，他们的公司就会成功。文档越少越好，加班越多越好！但这些组织忽略了一个重要事实：像微软这样的成功公司并没有强制要求加班。这些公司聘请那些对编程充满热情的人才，让他们与同样充满热情的团队合作，提供强有力的支持和对创新软件的奖励，进而让他们自由地开展工作。这导致开发人员和项目经理自发地选择加班。效仿承诺导向的软件组织没有搞清楚工作量（长时间）与动机（工作热情）的关系。我们称这种效仿组织为"血汗工厂"，因为他们强调的是苦干而不是巧干。这些组织往往会出现混乱或低效的情况，这样的工作环境也无法让员工感到满意。

货物崇拜式的软件工程

乍一看，这两种效仿组织似乎是完全相反的：一种是极度的官僚主义，另一种是极度的混乱管理。尽管表面存在差异，但更为重要的是，两者同样很低效。他们都不了解真正使项目成功或失败的因素。这些组织试图复制那些高效公司的做法，却没有深入理解这些方法为何能成功。和搞货物崇拜的岛民一样，他们只是把木制耳机戴在头上，然后盼望着项目能安全着陆。他们的许多项目最终都会以失败告终，因为这只是货物崇拜式的软件工程的两个不同类型，这两个类型的共同点是组织没有真正理解软件项目成功的原因。

识别软件工程中的货物崇拜并不难。这类软件工程师会为他们的做法辩护说："我们过去一直这么做的"，或者"公司标准要求我们这样做"，即使这些标准并不适用于所有情况。他们拒绝接受过程导向和承诺导向开发各有其优势和劣势，都需要适当调整的事实。面对更有效的新方法时，这些货物崇拜式的工程师更愿意留在他们熟悉且舒适，但可能并不高效的"小木屋"中。俗话说："只有疯子才会一遍又一遍地做同样的事情，却期待不同的结果。"这同样适用于软件工程的货物崇拜现象。

真正的辩论

软件专家经常讨论面向过程和面向承诺（即赋权给个人）孰优孰劣，但这个问题并不是非黑即白的。实际上，面向过程的方法和赋权给个人的方法都有其优点，它们可以共存。面向过程的组织完全可以对特定问题做出明确的承诺，而面向承诺的组织也能巧妙地利用软件工程的实践流程。

事实上，选择哪种方法更多地反映了工作风格和个性的差异。我曾参与过两种风格的多个项目，发现它们都有其独特的魅力。有的开发者偏好规律的工作时间，比如早上 8 点开始、晚上 5 点结束，这在面向过程的公司中较为常见。而其他一些开发人员则全身心投入项目，享受这种投入带来的专注和激情。虽然面向承诺的项目团队通常对工作更有激情，但如果面向过程的项目有清晰且鼓舞人心的使命，同样能够激发人们的热情。面向承诺的组织可能更容易遇到挑战，但如果项目由具备强大能力的人员周密规划和执行，无论采用哪种风格都有成功的可能。

面向过程和承诺为导向的项目都可能遇到相似的挑战，这使得辩论变得更为复杂。有些项目不论采取哪种风格都可能获得成功，而有的则注定失败。面向过程的支持者可能会认为这证明了面向过程是成功的关键，而面向承诺的支持者也会提出类似的论点。

在辩论过程为导向与承诺为导向孰优孰劣的时候，我们遗漏了一个更为核心的议题。就像埃德加·爱伦·坡所说的那样，有时候太明显的问题反而容易被忽视。我们不应该争论这两种开发方式的优劣，而应该探讨哪种方式能够帮助完成项目。真正应该考虑的不是选择哪一种方法，而是哪一种方法更适合项目的具体需求、培训和认知。与其争论是面向过程还是承诺为导向，不如探索如何提升开发者和管理者的技能水平，这样无论选择哪种方式，项目都更有可能成功。

❧ 译者有话说 ❧

　　本章重点讨论了当时颇为流行的两种开发方式"过程导向"和"承诺导向"。很多软件组织对软件项目成功运行的原因缺乏了解，只是简单模仿形式，即所谓的货物崇拜式的软件工程。

　　"过程导向"的开发方式应该通过巧妙的规划，使用精心设计的过程，有效地利用时间，熟练地应用最好的软件工程实践。但表面模仿的团队强调严格的流程而失去了灵活性。

　　"承诺导向"的开发方式应该雇用最优质的人材，要求他们对项目负起全部责任，最大程度地激励他们，然后期待着他们尽最大努力完成项目。但表面模仿的团队放任自流，只能要求努力工作而不是有计划高效地工作。作者建议，与其争论哪种开发方式最好，不如寻找一种更好的方法有效地完成项目，提高开发人员和管理人员的平均能力水平。

第 4 章　软件工程不是计算机科学

科学家为了研究而建造，工程师为了建造而研究。

——弗雷德·布鲁克斯

在面试编程岗位的候选人时，我特别喜欢提出一个问题："你如何形容自己的软件开发风格？"我会给他们一系列选项，包括木匠、消防员、建筑师、艺术家、作家、探险家、科学家和考古学家，让他们挑选一个最能代表自己的。一些候选人会试图揣测我想听到的答案，他们通常会说自己是"科学家"。而出色的程序员会告诉我，他们认为自己是突击队员或特警。让我印象深刻的一个回答是："在进行软件设计时，我是一位建筑师；设计用户界面时，我成了艺术家；编码时，我是木匠；而在单元测试时，我就化身为捣乱者！"

扫码查看原文注释

我之所以喜欢这个问题，是因为它深入探讨了我们行业的根本问题：把软件开发想象成什么最合适？是科学、艺术、工艺，还是别的什么？

"是"与"应该是"

软件领域中关于软件开发是艺术还是科学的辩论已经持续了很长时间。30 年前，高德纳开始写《计算机编程艺术》系列。该系列一共有 7 卷，最初的三本书就已经有 2 200 页，预计整套七本书的页数将超过 5 000 页。如果计算机编程的"艺术"如此复杂，那么它的"科学"岂不是堪比天书？！

那些认为编程是一种艺术的人强调了软件开发的审美和灵感自由度，认为在科学范畴内这种创意自由是不被允许的。将编程视为科学的人则指出，许多程序的错误率居高不下，这种低可靠性是无法接受的，因此他们反对过度的创作自由。这两种观点都不够全面，都存在一定的问题。软件开发既是艺术，也是科学，更是工程、考古学、消防和社会学等人类活动的集合。它在某些方面可能显得业余，而在其他方面则表现出高度的专业性。正如从事编程的人千差万别，软件开发同样展现出多样化的特征。但我们真正应该问的不是"软件开发目前处于什么状态？"，而是"专业的软件开发应该是什么样的？"在我看来，答案非常清晰：专业软件开发应当是一种工程学科。除此以外，难道还有别的答案吗？毫无疑问，它应该是工程学科。

工程与科学

只有大约 40%的软件开发人员持有计算机科学学位，持有软件工程学位的则一个人也没有。我们不应该因为人们不清楚软件工程与计算机科学之间的区别而感到惊讶。科学和软件工程之间的区别与其他领域类似。[1] 科学家追求真理，检验假设，扩展领域内的知识界限。而工程师则关注实际应用，探索什么是切实可行的，以及如何应用已验证的知识来解决现实问题。科学家需要紧跟领域内的最新研究进展，而工程师则必须掌握已被证明可靠和有效的知识。科学研究可以专注于极其狭窄的专业领域，而进行工程设计则需要全面了解所有影响设计的因素。科学家主要对同行负责，不需要太多外部监管，而工程师的工作关乎公众安全，所以必须受到相应的监管。科学教育的本科课程旨在为深造做准备，工程教育的本科课程则让学生能够毕业就投身于职场。

当大学颁发计算机科学学位时，通常期望这些毕业生能够在加入软件开发行业后立刻着手解决实际问题。只有少数计算机科学本科毕业生会选择继续在研究生院或研究机构深造，以提升他们在软件或计算机领域的专业知识。

这种情况导致计算机科学专业的毕业生往往难以找到合适的职位。虽然他们被视为科学家，却缺乏工程领域的专业培训，而他们承担的任务传统上是由工程师完成的。这就好比让一位物理学博士去设计用于商业销售的电气设备，相比和他一起工作的工程师，这位物理学博士更了解电气原理，但他在构建设备方面的经验仅限于在实验室里为了科研目的制作原型。他不了解如何设计坚固耐用的经济型设备，或者为实际环境提供实用的解决方案。虽然这位物理学博士设计的设备应该能够运转，但这些设备一旦被拿到实验室外使用，可能会缺少稳定性和安全性，使用的材料仅适合生产单个原型。如果要生产数千个单位，采用实验室方法的成本可能相当高昂。

与上述的例子类似的情况每年都会在软件领域中发生数千次。当被培养为计算机科学家的人开始研发生产系统时，他们设计和建造的软件通常在生产环境中容易出错或者不够安全。他们往往只关注一些细枝末节，而忽略了其他更为关键的方面。例如，他们可能会花费两天时间去调试一个自己编写的排序算法，而不是花两小时来使用库中现成的子程序或复用书本上的成熟算法。一般而言，计算机科学的毕业生需要经过几年的在职培训和实践积累，才能独立地开发出符合市场需求的产品软件。如果没有适当的正规教育，许多软件开发者在他们的职业生涯中根本无法获得必要的工程学知识。

缺乏软件工程专业知识不完全是软件开发人员的问题。实际上，正是软件行业的成功导致了这种局面。软件就业市场的快速增长，教育体系提供的支持却跟不上这种速度，结果是超过半数的软件从业者都来自于与软件无关的领域。雇主不能指望他们在下班后还要学习相当于获得一个本科工程学位的软件工程知识。即便他们有意愿，大多数课程也主要是计算机科学，而非软件工程。当前的教育基础设施已经远远落后于行业需求。

抛开表面，审视实质

　　有人可能认为"软件工程"只是一个时髦的术语，其含义与"计算机编程"并无太大差异。不可否认，"软件工程"一词遭到了一些人的滥用。但一个术语的滥用不能掩盖它本身所承载的重要价值。

　　"工程"一词在字典中的定义是将科学和数学原理应用于实际操作中，这正是大多数程序员所追求的。在开发软件产品和服务的过程中，我们应用了科学研究定义的算法、功能设计方法、质量保障措施等。正如戴维·帕纳斯（David Parnas）指出的那样，其他技术领域已经建立了具有法定资质的工程职业，使得客户能够清楚地识别出有资格构建技术产品的专业人员。[2] 软件领域的客户也应该享受同样的待遇。

　　有些人认为，把软件开发视为工程意味着必须使用正式的方法，编写程序时得像数学证明那样严谨。然而，常识和实践经验告诉我们，对许多项目而言，这样的要求过于苛刻。还有人认为，商业软件受不断变化的市场条件所限制，无法容忍慢工出细活的工程方法。

　　这些反对意见反映了对工程概念的狭窄理解和误解。工程学是将科学原理应用于日常生活中的实践，如果某种工程实践不可行，那它就不是个好实践。尝试将一种方法应用在所有软件项目上也是不合适的，如同不能将边做边改的编程模式应用在所有项目上。

将软件开发定义为工程的做法能够清晰地表明，不同的开发目标适用于不同的项目。在设计建筑时，建筑材料必须符合建筑的目的。例如，我可能会使用薄的非隔热金属板来建造一个用于存放农业工具的大棚，但我不会用同样的材料建造住房。尽管住房可能更坚固、更保暖，但我们并不会因此而贬低大棚——大棚的设计完全符合其预期用途。如果我们用建造住房的标准来建造大棚，那么设计师会因为这种"过度设计"而受到批评。这并不是一个优秀的设计。

在软件项目中，运行良好的项目应该满足以下所有产品目标：

* 最少的缺陷数量；

* 最高的用户满意度；

* 最短的响应时间；

* 良好的可维护性；

* 良好的可扩展性；

* 高度的稳健性；

* 高度的正确性。

软件项目团队需要清楚地界定这些特性的相对优先级，制定项目计划，并致力于实现这些目标。

与依赖物理材料的其他工程项目不同，软件项目的特点在于劳动力成本几乎占据了全部项目成本。相比之下，在其他类型的工程项目中，物料成本可能占项目总成本的一半或更多。有些工程公司认为，如果一个项目的劳动力相关成本超过总成本的50%，则该项目属于高风险项目。[3] 在典型的软件项目中，劳动力成本几乎占用了 100%的项目成本。大多数工程项目注重于优化产品目标，而设计成本相对较低。因为软件项目的主要成本在于劳动力，所以与其他类型的工程相比，软件项目需要更加注重于优化项目目标。因此，除了努力达成产品目标之外，软件团队还需要致力于实现以下目标：

- 缩短项目周期；
- 确保交付日期可预测；
- 低成本；
- 小团队；
- 保证灵活性，可以在项目过程中更改功能集。

　　每个软件项目都必须在产品项目的多个目标之间进行权衡。我们既不希望为一个基本的文字处理软件支付 5 000 美元，也不想购买每隔 15 分钟就崩溃一次的产品。

　　在考虑特定产品和项目特性时，项目团队可能会为某些特性设置更高的优先级，但这并不是判断一个项目是否属于"真正的软件工程"的标准。有些项目对缺陷数量和准确性有极为严格的要求，例如医疗设备、航空电子和防抱死制动系统软件。大家普遍认为这些项目需要成熟的软件工程实践。而其他项目可能更注重于成本和开发速度，可靠性够用即可。那么，这些项目是否也算作软件工程呢？有一个非正式的工程定义是"别人花 1 美元能完成的任务，你只需花 10 美分"。对于很多软件项目用 1 美元做的工作，好的软件工程师做同样的工作只需要 10 美分，低成本的开发也是软件工程的一个特征。

现在，许多项目倾向于采用迭代和灵活的开发方式，不可避免地导致了成本和进度的超支。这并不是软件工程计算上的错误，而是缺乏足够的软件工程实践教育和培训的结果。

正确的问题

目前广泛采用的软件开发模式可能并不完全符合传统工程的定义，但它确实可能成为工程学的一种形式。我们应该抛开表面上的问题，比如"软件开发是什么？"转而思考更深入的问题，比如"专业软件开发是否应该纳入工程？"如此一来，我们就可以开始讨论许多真正有意义的问题了。例如，软件工程的核心知识体系是什么？专业软件开发人员在应用这些知识之前需要哪些准备？将软件开发作为一种工程实践将带来怎样的回报？软件开发人员的职业行为准则应该是什么？软件组织的职业行为准则又应该是什么？软件开发人员是否需要受到监管？如果需要监管，应该监管到什么程度？在所有这些问题中，最吸引人的可能是：解答了这些问题之后，软件行业将会发展成什么样子？

❧ 译者有话说 ❧

前 3 章为软件工程进行铺垫后，作者在本章中给出了软件工程的定义，比较了软件工程与计算机科学的区别，介绍了软件工程的一些重要特征。专业软件开发不是简单的计算机编程，软件工程也不是计算机科学。软件工程是把科学研究和数学所定义的算法、功能设计方法、质量保证方法和其他实践都应用到开发软件产品和服务中去。软件工程具有以下特点。

1. 目的：应用易于理解的知识来解决实际问题。

2. 知识体系：软件工程有专门的核心知识体系。

3. 教育培训：目的是培养出适合于软件工程的工程师，增长他们的实际工程能力。

4. 经验知识范围：需要广泛了解影响设计产品的多方面知识，包括科学、艺术、社会学、工艺等。

5. 工程：软件工程要关注时间进度、成本和质量，人力资源将在总投资中占有很大的比例。

6. 责任：软件产品和服务影响公众利益和安全，要建立行业和职业的道德准则。

第 5 章　软件工程知识体系

和混乱相比，人们更容易从错误中发现真相。

——弗朗西斯·培根

一个人需要掌握大约 5 万个独立的知识单元才能成为这个领域的专家，其中一个知识单元指的是一组可以单独记忆而非通过推导得出的知识。[1] 在一个成熟的领域里，世界级专家通常需要至少 10 年的时间才能够掌握这么多的知识。有些人认为，软件相关的知识变化太快，无法形成一个稳定的知识体系。他们认为，在开发者当下需要掌握的知识中，有一半在三年后就会过时。如果这种知识的半衰期真实存在，那么在十年内，专家学习了 5 万个知识单元，其中的 3 万个都会变成过时的知识。未来的软件工程师

扫码查看原文注释

就像希腊神话中的西西弗斯①一样，不得不反复将滚落的巨石推上山，做无用功。

Java、Perl、C ++、Linux 和 Windows 的半衰期是多少呢？所有这些技术在我写这本书时候都非常热门，但是当你阅读本书时，它们还是这么热门吗？半衰期的规律也许适用于与技术相关的知识。然而，还有另一种软件开发知识，能让程序员在其职业生涯中持续受益，不受这些半衰期影响。

本质性与附属性

1987 年，弗雷德·布鲁克斯发表了一篇重磅文章，题为"没有银弹：软件工程的本质性与附属性工作"。[2] 他的主要论点是在未来 10 年内，生产力将提高 10 倍。这一主张所依靠的是一个推论，即软件开发知识不受 3 年半衰期的影响。

布鲁克斯在讨论"本质性"与"附属性"时，引用了哲学中用以区分事物固有特征与附加特征的传统观点。本质性的是某物必须拥有的固有特征，如汽车必备的发动机、车轮和变速器。另一方面，一辆汽车可能有 V 型 8 缸或者是直列式 6 缸发动机，有金属钉的雪地轮胎或者赛车轮胎、自动或手动变速器，这些是附属性。它们是为特殊的要求所配备的，并不影响汽车的本质性。

---

① 译者注：西西弗斯是希腊神话中的人物，科林斯的建立者和国王。他甚至一度绑架死神，使得世间没有了死亡。最后，西西弗斯触怒众神，受罚把一块巨石推上山顶，巨石太重，以至于每次未到山顶就又滚下山。他只好不断重复地、永无休止地推着巨石上山。

"附属性"一词可能不太好理解，只需要知道它意味着这些属性不重要或者是选择性的即可。

布鲁克斯指出，软件开发中最具挑战性的并不是使用特定编程语言进行精确表达（编码）或验证这种表达的准确性（测试）——这些都属于软件开发的附属性。布鲁克斯认为，软件开发的本质性涉及规范、设计和验证等过程，这些过程共同确保了概念的精确性和细节的丰富性。他强调，由于软件的固有复杂性、一致性、可变性和不可见性，软件开发本质上是一项极富挑战的工作。

计算机程序本质上是复杂的。即使可以发明一种完全适用于问题领域的编程语言，编程仍然是一种复杂的活动，因为仍然需要精确地定义真实世界中实体之间的关系，识别异常的情况，预测所有可能的状态转换等等。此外，还需要在特定计算环境下，用特定的编程语言描述这些活动。即使忽略特定环境和描述方式的影响，单单是定义现实世界的概念以及调试对这些概念的理解，就已经是一项巨大的挑战了。

软件还必须适应现实世界中的复杂限制，比如现有的硬件设备、第三方组件、政府法规、业务规则以及原来的数据格式等。软件设计者常常需要在这些不灵活的外部条件下工作，这进一步增加了管理复杂性的难度。

另外，软件的可变性同样是一个显著的挑战。一个程序越受欢迎，就越可能被发现新的应用场景，从而导致对程序的频繁调整，使其应用范围超出最初预期的范围。随着软件的扩展，软件将变得更加复杂，并且需要遵守更多的约束。对软件调整越多，调整的工作量就越大。

最后一个重大挑战来源于软件内部的不可见性。无论是二维还是三维的几何模型，都无法充分展示软件内部的构造和工作流程。即使是尝试将一个非常简单的逻辑流程进行直观展示，也可能显得异常复杂。试过为简单程序绘制流程图的人应该都对此深有体会。

布鲁克斯认为，软件开发已经在附属性上取得了全方位的进展，包括发明了高级编程语言、采纳了交互式计算以及开发了功能强大的集成开发环境。但他认为，任何想要根本提升生产力的努力都必须着眼于解决软件开发的本质挑战：即其固有的复杂性、一致性、可变性和不可见性。

定义稳定核心

我所说的"软件工程原理"实际上就是布鲁克斯所说的那套能帮助开发者解决软件开发的"本质挑战"的所有知识，它们构成了软件工程的核心知识体系。1968 年，北约举行的第一届软件工程会议首次采用了"软件工程"这一术语来描述这一体系。尽管当时这个概念还处于初级阶段，但会议仍然选择了这一有争议的主题。

软件工程知识体系的核心部分在 1968 年究竟有多初级呢？首个完全正确的二进制搜索算法发表于 1962 年，仅早于北约会议 6 年。[3] 在北约会议 2 年之前，波姆（C. Böhm）和雅各皮尼（G. Jacopini）发表了一篇论文，为去除 goto 语句和推动结构化编程理论的发展奠定了基础。[4] 艾兹赫尔·戴克斯特拉（Edsger Dijkstra）在 1968 年给软件工程会议的编辑们写了一封著名的信，他认为

"GoTo 语句是有害的。"[5] 在举行会议的时候，子程序这一概念还是相对新颖的，程序员们还在辩论其实用性。直到 1974 年，才有了关于结构化设计的第一篇论文。汤姆·吉尔伯（Tom Gilb）在 1977 年出版了第一本关于软件度量的书。1979 年，汤姆·德马科（Tom DeMarco）出版了第一本关于软件需求分析的书。[8] 所有曾经在 1968 年试图确立稳定的核心知识体系的人后来都对该领域的发展感到满意。

通过分析 SWEBoK（Software Engineering Body of Knowledge，软件工程知识体系）项目的知识领域（我将在本章后面讨论），我估计 1968 年的软件工程知识体系的半衰期大约是 10 年。如图 5-1 所示，稳定的核心部分相对较小，1968 年的软件工程知识中，只有约 10%到 20%沿用至今。

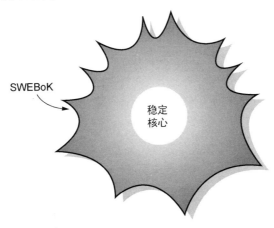

图 5-1　1968 年北约软件工程会议。至今，只有约 10%至 20%软件工程知识体系是稳定的（即一直沿用至今）。当时，软件工程知识的半衰期约为 10 年

自 1968 年起，软件工程实现了显著的进步。关于软件工程的文献已达数十万页，每年有数百次由专业协会主办的学术会议和工作坊，编入 IEEE 软件工程标准的知识已多达 2 000 多页，北美有数十所大学提供软件研究生教育，且近年来越来越多的大学开始提供本科课程。

事实上我们当时没有一套完全稳定的软件工程实践知识来建立独立的软件工程体系。这种情况类似于 20 世纪 30 年代的医学领域，那时人们还未发现青霉素、不了解 DNA 结构或多种疾病的遗传机制，缺乏心肺机和磁共振成像等关键技术，尽管如此，医学仍然是一门专业学科。

如图 5-2 所示，基于我对 SWEBoK 知识领域的分析，我估计 2003 年稳定的核心知识约占开发软件系统所需知识的 50%。比起 1968 年的知识只剩 10%到 20%的程度，2003 年的情况似乎要好很多，衰减程度的降低意味着知识体系的半衰期从大约 10 年提高到了大约 30 年。这也表明，个人在软件职业生涯初期的教育投资，在很大程度上将影响他们的整个职业生涯。

软件工程知识体系的稳定化预示着软件工程可能成为一种基础教育，类似于其他工程学科。正如戴维·帕纳斯指出的那样，即使实验室有了新的示波器，物理课程的核心内容仍保持不变。大多数的软件工程课程可以独立于特定的技术（比如 C++和 Java）而存在。学生应该在实验室学习这些技术，而课堂上则应关注于更持久的知识。

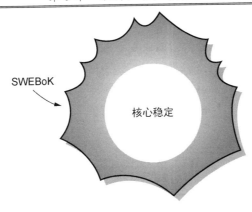

图 5-2　截至 2003 年，大约 50%的软件工程知识体系是稳定的，并沿用至今

软件工程知识体系

在第 4 章中，我提到软件工程与计算机科学不同。那么，如果它不是计算机科学，它是什么呢？对于我们这些从事软件开发工作的人来说，我们有幸见证了一个激动人心的新学科的诞生。对于那些成熟的学科，如数学、物理学和心理学，我们往往自然而然地认为这些学科的知识结构是固定不变的，相信这些学科的概念已经被恰当地定义，并且这种状态一直持续下去，不会发生颠覆性的变化。但回顾从前，当从事这些领域工作的人开始撰写教科书和设计大学课程的时候，他们也需要决定哪些知识应该被纳入教学中。在历史上，数学、物理、心理学和哲学并没有明确的区分。数学大约在公元前 300 年与哲学分道扬镳，物理学在大约公元 1600 年开始与哲学分离，而心理学则直到大约公元 1900

年才从哲学中独立出来。

在界定软件工程的知识范畴时，专家们建议应该侧重于"普遍接受"的知识和实践上。如图5-3所示，"普遍接受"意味着那些在当时对大多数项目和在大多数情况下适用的知识和方法，或是大多数专家认同其价值和实用性的方法。普遍接受并不意味着这些知识和实践适用于所有项目。项目负责人仍然需要为自己的项目挑选最合适的实践。[9]

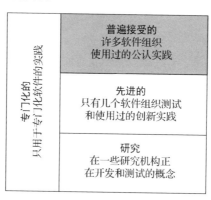

资料来源：Professionalism of Software Engineering: Next Steps[10]

图5-3　软件工程知识体系中的知识类别

自 1968 年以来，软件开发领域已经在布鲁克斯提到的"本质挑战"上取得了重大进展。我们如今拥有覆盖需求分析、工程原理、设计、构建、测试、评审、质量保证、软件项目管理、算法及用户界面设计等众多主题的权威参考书籍，而这仅仅是众多主题中的一小部分。关于软件工程知识的优秀书籍层出不穷。有一些核心元素尚未汇集整理到实用的教科书或课程中，从这个意义上说，我们的知识体系仍处在建设中。但是关于如何执行这些实践的基本信息都可以在期刊文章、会议论文、研讨会以及书籍中找到（本书的后续部分提供了相关的专业网站和书籍列表）。软件工程的先驱者们已经开辟了通路并调查了这片土地。现在，作为软件工程的建设者，我们的任务是铺设道路，发展其他教育和认证的基础设施。

蒙特利尔魁北克大学的研究人员在定义软件工程普遍认同的关键要素方面走在了前列。这项工作在 ACM 和 IEEE 计算机协会的协调下进行，邀请了来自学术界和业界的专家参与。这项工作被称为软件工程知识体系项目，即 SWEBoK[11]。

以此为起点，SWEBoK 确定了构成专业软件工程师的核心竞争力的知识领域。[12]

- 软件需求：发现、描述和分析在软件中需要实现的功能。
- 软件设计：从架构和详细层次定义系统的基本结构，将结构分为模块，定义模块的接口，选择模块内部的算法。
- 软件构建：软件的实现，包括详细设计、编码、调试、单元测试、技术评审和性能优化。这一部分与软件设计和软件测试有重叠。
- 软件测试：通过运行软件来发现缺陷和评估功能的所有活动。测试包括测试计划、测试用例设计和各种特殊类型的测试。测试的类型有开发测试、单元测试、构件测试、整合测试、系统测试、回归测试、压力测试和验收测试。

- **软件维护**：现有软件的更新和增强、有关的文档和测试
- **软件配置管理**：软件项目里产生的所有知识产权的识别、文档和变更控制，包括源代码、内容（图像、声音、文字和视频）、需求、设计、测试材料、估算、计划、用户文档。
- **软件质量**：保证软件质量的所有活动，验证软件符合或将会符合的技术要求。质量工程包括质量保证计划、质量测量、可靠性、测试、技术审查、监督、检查和检验。
- **软件工程管理**：规划，跟踪和控制软件项目，软件工作或软件组织。
- **软件工程工具和方法**：工具和方法的支持，例如 CASE 工具、可重用的代码库、标准方法，包括组织内部采用和推广的工具与方法。
- **软件工程流程**：与提高软件开发质量、及时性、生产率、以及项目和产品的其他特性相关的活动。

这个清单的范围可能会让一些人感到惊讶。许多程序员认为软件建设是唯一一个与自己相关的知识领域。不可否认，该领域极其重要，但实际上，它只占专业软件工程师需要掌握的知识的十分之一。

如图 5-4 所示，软件工程的知识基础涉及计算机科学、数学、认知科学（包括心理学和社会学）、项目管理以及各种工程学科。

对于软件工程的知识领域没有具体提及特定语言和环境（例如 Java、C++、Visual Basic 和 Linux 等），还有一些程序员或许会表示惊讶。这是因为软件工程的知识结构重在强调工程原理，

而不是技术知识。

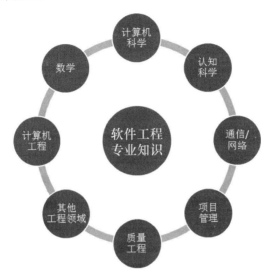

资料来源：Professionalism of Software Engineering: Next Steps [13]

图 5-4　软件工程知识体系中的知识来源

　　还有一小部分人会抗议，说："学习编程的人得了解这么多的知识，这样的要求是不是太过分了？"确实，这涉及大量的学习，而我们过去常常期待程序员能在工作中间接地学习新知识。但这样做的结果是，大多数计算机程序员都非常熟悉软件构建和软件维护，但软件需求、设计、测试以及工程工具和方法上的知识比较浅薄，软件配置管理、质量保证、工程管理或工程流程更是几乎完全不了解。

　　我不是要求每位软件工程师精通所有这些技术领域，但作为专业的软件工程师，他们至少应该对所有领域有一个基础的了解。应该能胜任大多数领域的工作，并在少数几个领域达到专家水平。

　　正如我在第 4 章中所描述的，科学家与工程师的一个主要差别在于科学家对其领域需要有深而窄的知识，而工程师则需要广泛了解影响他们创造产品的所有因素。

树立里程碑

　　软件工程知识体系是否有了明确的定论？答案是没有。就像不断发展的医学领域一样，软件工程也将不断进步。但重要的是，我们已经树立了一个里程碑，上面写着："至此，这便是构成当前软件工程知识体系的全部。"

　　弗朗西斯·培根在三百多年前为现代科学奠定基础时指出，和混乱相比，人们更容易从错误中发现真相。培根清楚地认识到，依据他的方法所得出的初步结论中可能存在错误，但这是预料之中的。如今我们所定义的软件工程知识体系的主要元素也可能不全是正确的，但一个虽不完美却明确的知识体系为我们未来的完善提供了一个出发点。只要能用一个清晰定义的知识体系取代现有的混乱状态，即使包含错误也是值得的。

❧ 译者有话说 ❧

本章的主题是软件工程知识体系（SWEBoK）。定义稳定的知识体系主要是根据软件工程的（不变的）本质性和（变化的）附属性为基础。

软件的本质性是计算机程序的复杂性、允许现实世界复杂的限制、软件的可变性和软件内部的不可见性。软件开发的附属性是由规范、设计和验证组成的，它们实现了高度精确和细节丰富的相关概念。

软件工程的（变化的）特殊属性是用特定的计算机编程语言忠实地表达具体概念（编程），并检查该表达形式是不是非常准确（测试）。

软件工程原理包括可以帮助开发人员解决软件开发重大难题的所有知识，它构成了软件工程的核心知识体系。软件工程来自计算机科学、数学、认知科学（心理学和社会学）、项目管理等学科。

软件工程知识体系包括需求、工程、设计、建设、测试、审查、质量保证、软件项目管理、算法和用户界面设计等。

第 6 章　软件新世界

> 深思熟虑后提出的问题是智慧的一半。
>
> ——弗朗西斯·培根

1620 年，弗朗西斯·培根发表了他的杰作《新工具论》，挑战了当时人们对古老纯演绎推理方法的依赖，提倡一种基于观察和实验的科学方法。他设想了一个通过探索自然规律和发展过程而得以实现的文化与休闲的新世界。在描述这个世界的过程中，他预言了科学、工程和技术的进步将带来的影响。

培根的科学方法包括下面几个步骤：

1. 摈弃偏见，培根称之为"迷信"；

2. 系统性地搜集人们的观察和实验结果；

3. 停下来，分析观察到的内容，得出初步结论（"最新鲜的葡萄酒"）。

扫码查看原文注释

《新工具论》属于培根的《伟大复兴》系列作品，旨在为科学研究提供组织架构，定义科学探索的方法论，收集观察和实证，介绍新方法的实例，并以这些科学实践的成果，为新哲学奠定基础。培根的工作对现代科学方法产生了深远的影响，因此他被誉为现代科学之父。

《伟大复兴》一书的封面图为一条穿过赫拉克勒斯神柱的船（图 6-1）。人们普遍相信，赫拉克勒斯的神柱矗立在直布罗陀海峡两岸，而这是地中海和大西洋之间的唯一通道。对古人来说，赫拉克勒斯的柱子象征着人类探索的极限。在这些柱子之外，是未知的世界边缘，古人往往不敢越过这一界限，冒险进入未知之地。

图 6-1　培根的《伟大复兴》一书的封面，系列中包含新工具论。
古人不愿意驾船穿越赫拉克勒斯神柱

在当前软件开发的实践中，许多人仍旧沿用着边做边改的编程模式，这种方式就像"地平说"，后者早在 20 年前就被证伪了。具有前瞻性的软件工程师们已经认识到，软件行业不仅有赫拉克勒斯神柱，还有一个等待被发现的广阔世界。软件工程界已经诞生了自己的马可·波罗、瓦斯科·达伽马和费迪南德·麦哲伦，他们开辟了更出色的软件工程实践的新世界。正如第 12 章将会讲述的那样，已知的领域中其实蕴藏着极为丰富的软件知识和资源，但普通的软件从业者却很少探访这些地方。

职业定义

考虑到最好的软件组织和最差的软件组织之间的巨大差异，当前的挑战并不是推动顶尖企业的发展，而是提高行业的平均水平。新的世界已经被充分地探索过了，现在是时候开始建设它了。传统上，提升特定领域实践水平的方法是建立正式的职业体系，特别是那些关系到公共福祉的领域。

尽管"职业"一词有时会被随意使用，但作为一个概念，"职业"在法律上拥有悠久且明确的地位。美国联邦法规（Code of Federal Regulations，CFR）提供了几个标准，用以判断一位雇员是否具有"专业技能"。

专业人士的工作通常需要具备科学领域的先进知识，或者通过在一个领域的长期专业学习获得的知识。CFR 明确区分了这种专业知识与普通的学术教育及常规培训，不论这些培训是涉及脑力、手工技能还是体力劳动。CFR 进一步指出，专业工作可以是创造性的或艺术性的。这项工作可能主要依赖于从业人员的创造力、想象力或才华。

CFR 指出，专业性工作要求从业者在工作时持续不断地做出判断和决策。这项工作具有知识性和多变性，不同于常规的脑力、手工或体力劳动。

大多数软件开发人员都会发现他们的工作符合 CFR 的专业描述。这项工作需要深厚的技术知识（至少需要一定程度的技术知识），还需要专业的指导和学习。软件开发中的创造性成分占比很重，需要做出大量的判断和决策。简而言之，软件开发人员的工作显然符合CFR对"专业工作"的定义。

CFR 是专业法律定义的一部分。历史上的法律案例进一步补充了专业工作的定义。如果一个职业领域要成为专业领域，它必须满足一系列标准：[1]

- 需要广泛深入的学习和训练；
- 道德准则要高于市场上的正常标准；
- 违反这些准则的专业人士会受到法律制裁；
- 强调社会责任优先于个人利益，成员需展现出受过专业培训和值得尊重的职业规范；
- 从业前需要获得许可证。

那么，软件开发这一职业满足了上述多少条标准呢？

探索软件工程职业

软件工程学院的加里·福特（Gary Ford）和诺曼·吉布斯（Norman E. Gibbs）确定了成熟职业具备 8 项关键特征[2]，专业人员的发展通常遵循图 6-2 所示的成长路径。

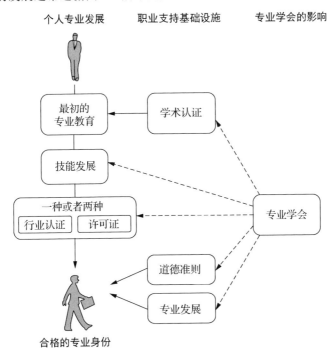

图 6-2　包括了所有成熟职业的大部分或者全部的专业发展步骤

1. 初级职业教育：专业人士一般通过完成他们所选择的大学专业课程开启职业生涯，如医学院、工程学院、法学院等。

2. 学术认证：大学课程需获得监管机构的认可，以确保每个项目是否提供充分的教育。这保证了专业人员一旦从认证的大学项目中毕业，他们就已经掌握了足以胜任工作的知识，可以开始自己的职业生涯了。例如，美国的工程技术认证委员会（ABET）负责监管美国的工程专业，加拿大工程师认证委员会（CEAB）则负责监管加拿大的工程专业。

3. **技能发展**：对于大多数职业来说，仅靠教育并不足以培养出全面的专业能力。在毕业生准备承担所在领域的主要责任之前，需要在实践中应用他们的知识。例如，医生需要至少三年的住院实习经验，注册会计师（CPA）需在认可的组织内工作一年才能获得执业证书，专业工程师必须有至少 4 年的工作经验并经历学徒期，确保他们在实践中有令人满意的工作表现。

4. **行业认证**：完成教育和技能培训后，专业人员必须通过一门或多门考试，已证明他们具备能够胜任工作的知识水平。医生需要参加从医执照考试、会计参加注册会计师考试、专业工程师则需要在大学毕业时参加基础工程考试，并在大约 4 年后参加专业工程考试。有些职业还需要定期进行再认证。

5. **许可证**：许可证与认证相似，但区别在于许可证是强制的而非自愿的，并且由政府机构管理。

6. **专业发展**：许多专业人士需要不断更新他们的专业知识和技能。他们在开始工作后也需要不断地接受专业教育，以保持或提高自己的知识和技能水平，特别是在那些技术知识体系变化快速的职业中。例如，在医学领域，由于药物、治疗方法、医疗设备以及诊断和治疗程序的不断进步，持续的专业教育尤为重要。这一要求确保专业人员在其职业生涯中始终能够胜任工作。

7. **专业协会**：具有相同专业背景的人们通常会加入专业协

会。他们将对自己所从事的专业标准的要求置于个人兴趣或雇主利益之上。最初，专业协会主要促进知识交流；随着时间的推移，它们的职能拓展了许多，现在还包括定义和管理认证标准、建立认证标准、制定职业道德准则以及对违规行为进行纪律处分等。

8. 道德准则：每个职业都设有道德准则，以确保从业者诚信、负责地工作。道德准则阐述了专业人员的实际行为，还规定了他们应当如何行动。违反这些道德标准的专业人士可能会被专业协会除名或失去执业资格。遵循公认的行为标准有助于专业人员牢记他们是受尊重社区的一员，而维护道德标准则是确保行为底线的重要手段。

除了福特和吉布斯确立的这 8 个特征之外，还有一种适用于软件组织而非个体的第 9 个特征。

9. 组织认证：在很多行业中，不只是个人需要认证，他们所属的组织也必须通过认证。比如，会计师事务所需要经过同行评审，医院和大学也必须通过正式认证。对于会计、教育和医疗等复杂领域来说，由于单凭个人能力难以确保服务的基本水平，因此增设了组织认证的要求。组织认证与个人能力认证一样具有权威性。

福特和吉布斯指出，许多非专业领域存在一些特殊的要求。例如，加利福尼亚州要求室内设计师、业余拳击手、私人侦探和赛马骑师等职业获得许可证，但这些职位不涉及其他的专业要求。对于大多数常见职业来说，上述 8 个特征几乎都是显而易见的。

福特和吉布斯为职业的每个特征定义了不同的成熟度级别。

- **不存在**：不存在这种特征。
- **偶尔发生**：特征存在，但只是独立的、无关的个例。
- **已建立**：该特征存在并且和专门的职业有明确的关系。福特和吉布斯使用"专门"一词，但其表述可能略显模糊。
- **已成熟**：该特征已经存在多年并且得到了一些专业机构的维护和改进。

成熟职业的标志是其特征达到了"成熟"这一阶段。但是，需要注意的是，"成熟"是一个变化的目标：一些特征在 30 年前进入了成熟阶段，到今天可能已经不再适用；而当下的成熟特征在 30 年后可能就不再成熟了。

表 6-1 定义了软件工程职业的成熟度。软件专业基本上处于成熟阶段，不过有些特征存在滞后，有些特征则已进入成熟期。本书的后续章节将详细讨论表中的各项内容。

表 6-1　软件工程职业的特征成熟度 [3]

类　别	现实状态
初始专业教育	在已启动和已建立之间。计算机科学、电气工程、数学等专业的学士学位是进入该行业的共同准备阶段。已有数十个软件工程硕士专业。在过去的几年里，已经启动了许多本科专业
学术认证	已建立。由 IEEE 计算机学会和 ACM 学会组成的工作小组正在定义认证指南 [4]
技能开发	已建立。已公布了要进入软件工程师职业所需的技能培训指南

续表

类　别	现实状态
行业认证	已建立。商业供应商，如微软，Novell 和 Oracle，已经提供与技术相关的认证计划有很多年了。自 2002 年以来，IEEE 计算机协会为通用软件工程认证，颁发软件开发专业证书
许可证	已启动。美国得克萨斯州从 1998 年开始为通过认证的软件工程师们发许可证。加拿大的大不列颠哥伦比亚省和安大略省在 1999 开始注册专业软件工程师
专业发展	已启动，正在走向建立状态。有些软件组织已发布了专业发展指南。例如，IEEE 计算机学会发表的继续教育指南，参阅 www.computer.org/certification 和 Construx 软件公司的指南，参阅 www.construx.com/ladder
专业学会	已建立，正在走向已成熟阶段。已有 IEEE 计算机学会，ACM 学会和其他专业学会。这些学会（特别是 IEEE）明确表明是为软件工程制定的。它们还不能全面提供支持专业软件工程师的产品和服务。它们还不能处罚违反软件工程行为规范的人
道德准则	已建立。ACM 和 IEEE 计算机学会已经采用了专门为软件工程制定的道德准则。该道德准则还没有为业界广泛承认和采用
软件组织认证	已建立，正在走向成熟阶段。软件工程学会已经定义了软件能力成熟模型，并积极地维护和改进模型。自从 1987 年以来，已使用该模型认证了 1 500 个软件组织。该模型还没有被普遍采用。ISO 9000-9004 认证已广泛被采用，特别是在欧洲

穿越赫拉克勒斯神柱

软件工程并不完全符合当前的职业定义。面向大众的基础教育刚刚起步，而行业认证在 2002 年才开始提供。如今，只有少数软件从业者获得了许可证。虽然设置了道德准则，但没有强制执行。然而，许多正在进行的工作都在加速推动软件工程进入已建立阶段或成熟阶段。

要让软件工程进入成熟阶段，我们可以借鉴弗朗西斯·培根的科学方法，采用以下三个步骤。

1. 摒弃偏见：软件行业需要摒弃长期以来依赖的边做边改开发模式，这种偏见已经存在了很久了，未曾使任何人受益。

2. 系统地收集观察和经历：一些组织已经开始收集关于不同开发实践有效性的数据，并评估哪些实践最能促进软件组织的成功。其中一些组织已经取得了显著成效，其他组织需要向他们学习。

3. 停下来，总结观察到的现象，得出初步结论：本书提出了一些初步结论。

软件开发正处于关键的转折点。我们可以选择维持现状，留在边做边改模式这个舒适区里，不去冒险穿过赫拉克勒斯神柱，不去探寻软件工程探险家已经发现的巨大潜力。或者，我们可以勇敢地向新的软件工程领域进发，开拓这个新世界，从而实现更高效的生产力、更低的成本、更短的开发周期和更高的质量水平。

❧ 译者有话说 ❧

在本章中，作者的主要观点是把软件开发提升到专业软件工程的新高度。

1. 引用英国著名哲学家和科学家弗朗西斯·培根的系列著作《伟大复兴》中的《新工具论》，说明需要抛弃偏见，系统搜集人们的观察和经验，然后加以分析得出初步结论。作者建议抛弃传统的边做边改的软件开发方式，转向新的软件工程领域。

2. 专业职业的定义：专业人员的工作通常需要具备科学领域的先进知识，或者通过长期的专业领域实践而获得的知识。专业工作可以是创造性的或艺术性的，专业工作需要在工作时持续不断地做出处置和判断。

3. 软件工程职业的成熟度：可以从 8 个方面去观察，包括初级职业教育、学术认证、技能发展、行业认证、许可证、专业发展、专业协会、道德准则等。比起当年，现在的专业软件工程已经达到了前所未有的水平，获得了更优质的生产力和更好的质量。

第II部分　个人专业化

第 7 章　人尽其才

招聘：18 岁以下，苗条，卷发，必须是专业马车夫，愿意每天面对新的冒险，孤儿优先，周薪 25 美元。

——1860 年小马快递的招聘广告

我们对人才的技能、智慧和性格都有高要求，薪资也与之相匹配。我们期待应聘者对项目的成功贡献出全力，并承诺在任何情况下都能克服障碍，确保按时按预算完成应用程序开发。

——1995 年软件开发人员的广告[1]

程序员给人的刻板印象是，一个性格内向的年轻人在昏暗的房间里全神贯注地编写着神奇的咒语，指挥计算机为他做事情。他可以连续工作 12 到 16 个小时，经常熬夜，致力于使自己的艺术

扫码查看原文注释

愿景变为现实。他最爱吃披萨和纸杯蛋糕，如果被人打断，他的反应将会十分激烈，向对方喊出一连串的神秘缩写词，例如："TCP/IP、RPC、RCS、ACM 和 IEEE！"程序员只有在参加《星际迷航》粉丝会或者约朋友一起观看巨蟒剧团的喜剧时才会停下手中的工作。他有时被视为一个不可或缺的天才，有时被视为一个古怪的艺术家。他把重要的信息存储在自己的头脑里，觉得自己的工作很稳定，知道自己的价值，不担心会有人来抢他的饭碗。

《今日美国》的报道指出，计算机职业由于深根固蒂的刻板印象而常被学生排在职业选择的末端。[2]《华尔街日报》也提到，电影制作人往往难以将前沿软件公司的故事以吸引人的方式展现出来，因为这些故事似乎过分单调：仅仅是办公园区里的一间小隔间，里面坐着一位紧盯着电脑屏幕的员工。甚至在软件行业内部，斯坦福大学计算机科学系的副系主任也曾对《纽约时报》表示：软件工作单调无聊得令人乏味。[4] 尽管有报道称软件工作在年度职业排名中一直是最受欢迎的顶尖职业之一，或者是最令人向往的职业之一。[5]

对程序员的这些刻板印象到底有多少是基于事实的？它对编程职业有什么影响呢？我们先来看看程序员的个人性格，然后再分析刻板印象的其他因素。

MBTI 人格测试

凯瑟琳·布里格斯（Katherine Briggs）和伊莎贝尔·布里格斯·迈尔斯（Isabel Briggs Meyers）开发了一种通用的性格分类方

法,被称为迈尔斯-布里格斯类型指标,或称 MBTI。MBTI 以 4 种方式对人格类型进行分类。

- 外向(E)或内向(I):外向型人士倾向于关注外部世界的人与事。内向型人士则更专注于内心世界的思维和想法。
- 实感(S)或直觉(N):这一维度反映了个人偏好何种类型的信息作为决策依据。实感型人士侧重于具体的事实和细节,以及实际经验。直觉型人士则更依赖个人直觉,关注抽象概念和理论。
- 思考(T)或感性(F):这一维度反映了一个人的决策风格。思考型的人根据客观分析和逻辑做出决策。感性型的人依赖于主观感受和情绪。
- 知觉(P)或判断(J):知觉型的人更喜欢灵活性和开放式的可能性,而判断型的人更倾向于制定计划和保持掌控感。

要确定 MBTI 类型,每个人需要进行 1 次测试,在每个维度上选择一个代表性字母,产生诸如 ISTJ 或者 ENTJ 这样的结果。这些字母反映了个人的性格倾向或偏好,但不一定预示着一个人将在所有情境下的行为模式。有人可能本质上倾向于内向(I),但在职业环境中表现得更为外向(E)。即使大多数同事认为这位员工是外向的(E),她的测评结果可能仍是内向(I)。

软件开发人员的 MBTI 测试结果

据两项广泛的研究显示,软件开发人员最常见的 MBTI 类型为 ISTJ。[6] 这种性格的人比较认真、安静,务实、守序,他们逻辑性强，注重细节，能够有效地完成任务。25%到40%的软件工程师属于 ISTJ。[7]

这些研究结果与实际情况是一致的，软件开发人员里面内向型占比较多。在一般人口中，大约有四分之一的人具有这种性格，而在软件开发人员中，这一比例在一半到三分之二之间。[8] 大多数软件开发人员内向的原因可能是他们更追求高等教育，他们的受教育程度高于平均水平。大约 60%的软件开发人员拥有至少一个学士学位，相比之下，一般人群中拥有学士学位的比例大约为 30%。[9]

实感/直觉（S／N）和思考/感性（T／F）维度尤其值得关注，因为它们反映了一个人的决策风格。80%至 90%的软件开发者是思考型（T），在总人口中，这一比例大约为 50%。[10] 相对来说，思考型（T）的人逻辑性更强、善于分析、注重科学、冷静客观，关注客观事实而非个人情感。

在实感和直觉（S 和 N）方面，软件开发人员的分布较为均匀，可以从大多数软件开发人员中立即看出两者之间的差异。实感型（S）的人做事有条不紊，思维务实，追求精确、具体、实用，他们喜欢专业化的内容，并倾向于一心一意地思考一件事。实感型的一个例子可能是一个专业程序员，他对某一编程语言或技术的细节了如指掌。另一方面，一个直觉型（N）的例子是一位倾向于考虑广泛的可能性，他对于低层次的技术问题不那么关注，认为这些只是"实施细节"。S 型的人有时会对 N 类型的人感到不满，因为在 S 类型的人已开始钻研技术细节的时候，N 类型的人还在探索各种各样的可能性。N 型的人有时也会看 S 型的人不爽，因为当 N 型的人跳到了下一个设计理念的时候，S 型的人还在钻研特定技术领域的具体细节。

伟大设计师的人格特征

MBTI 提供了对典型程序员个性的一些见解，但这只是冰山一角。在软件开发中，设计技巧至关重要。许多程序员都渴望成为伟大的设计师。那么伟大设计师的特点是什么呢？一项对伟大设计师（不仅仅是软件开发人员）的研究发现，最具创造力的解决问题者能够在感知/直觉（S/N）、思考/感受（T/F）和判断/知觉（J/P）之间轻松自如地切换。他们在纵览大局和具体细节、直觉与逻辑、理论与实践之间灵活切换，从许多不同的角度审视问题。莱昂纳多·达芬奇和阿尔伯特·爱因斯坦就属于这样的类型（虽然我不认为他们做过 MBTI 测试）。

伟大的设计师拥有大量的标准模型，适用于每个新的问题。如果问题与现有的模型相匹配，设计师就能够运用熟悉的方法轻松地解决问题。

伟大的设计师精通他们所使用的工具。

伟大的设计师不会因为复杂性而退缩，有些最顶尖的设计师甚至更喜欢挑战复杂的问题。但他们的目标是使看似复杂的解决方案变得更简单。如爱因斯坦所说：一切都应该尽可能地简单，但不要过于简单。法国作家及飞机设计师安托万·德·圣埃克苏佩里（Antoine de Saint-Exupéry）有句名言："完美并不在于增无可增，而在于减无可减。"

优秀的设计师欢迎对他们工作的批评，因为这种基于反馈的循环促使他们探索或放弃众多潜在的解决方案。

伟大的设计师通常都有项目失败的经历，他们从失败中吸取教训，尝试更多选择方案，然后把效果不好的那些淘汰掉。他们经常会出错，但能够很快地发现并纠正错误。即使其他人已经放弃，他们仍然不会放弃尝试。

他们不怕用笨办法解决问题。爱迪生在解决电灯泡灯丝问题上耗费了近两年时间，试验了成千上万种材料。他的助理曾经问过他，在失败这么多次后，他为何还会继续尝试。爱迪生对这个问题感到困惑，因为在他看来，他从未遭遇过失败。他可能会回答："哪里失败了？我明明确认了成千上万个方法行不通。"

伟大的设计师们需要极具创造力，这样才能产生众多的备选设计方案。许多有关创造力的研究显示，有创造力的人总是充满好奇心，拥有广泛的兴趣，精力旺盛，极具自信，敢于独立探索他人认为愚蠢的想法，并坚信自己的判断。他们懂得何时应该坚持自己的真实想法，而不是盲目遵循传统智慧。

伟大的设计师们有着不断创造和制作事物的强烈欲望。这种欲望可能体现为建造建筑物、构建电子电路或者编写计算机程序，他们倾向于将理论付诸实践。伟大的设计师不仅仅会学习知识，还会把所学的知识应用到现实世界中。对于伟大的设计师来说，不应用知识就等于没有学到知识。

程序员总是对发现突破性设计解决方案感到兴奋。这也许解释了为何软件开发人员对巨蟒剧团的喜剧情有独钟。初看之下可能不理解，但仔细一想就能体会到其中的道理。巨蟒剧团将时间和文化元素以戏谑的方式混合在一起，挑战社会习俗。这种特立独行和富有想象力的思维方式不仅造就了巨蟒剧团，还激励着程序员在追求创新技术设计方案时勇往直前。

有些特征确实与程序员的刻板印象相符，而有些则完全不符。那些对软件开发不太了解的人可能会错误地将计算机编程视为一项乏味、没有创造性的活动，而软件开发人员知道，如果没有创造力，我们这个时代最激动人心的项目是不可能实现的。无论是电影特效、太空探索、视频游戏还是医疗技术的突破，软件工程师的创新思维都在其中扮演了核心角色。

软件开发人员知道，真正的编程并不像刻板印象里那样。编程为他们提供了一种创造性的媒介，让他们能够创造出新事物。这种创作过程带来的满足感与其他人通过雕塑、绘画、写作等传统的创造性活动获得的满足感并无二致。开发人员的工作是否真的"单调无聊得令人感到乏味"呢？我不这么认为。

全面和绝对的承诺

"程序员能够连续工作 12 到 16 个小时"这一刻板印象并非空穴来风。若想成为一名出色的开发者，需要能够专注于编程任务，而这种专注力是有代价的。在全身心投入到编程项目的过程中，会无法感知到时间的流逝。早上起来开始工作后，一转眼你就会发现时间已经是下午两点，而你错过了午餐。而到了星期五该下班的时候，你一抬头就会发现已经是晚上 11 点了。你错过了和别人的约会，或者忘记告诉家里人会晚回家。在 10 月的某一天，你可能会猛然意识到夏天已经结束了，因为在过去的三个月里，你一直专注于完成一个有意思的项目。

开头提到的小马快递的广告似乎也适用于当今一些全身心投入工作的软件开发人员。在如此专注于工作的时候，很难维持家庭、朋友或其他社交关系。以下是帕斯卡尔·扎卡里（Pascal Zachary）对 Windows NT 的开发人员的描述：

> 他们的生活完全被工作占据了，朋友疏远了，婚姻关系破裂，孩子被忽视了，爱好枯萎了。对他们而言，编程是生命的全部。如果他们还有任何其他愿望，其目的也一定是减轻 Windows NT 项目所带来的痛苦。[12]

在 NT 项目结束时，一些开发人员离开了公司。一些人感到痛苦不堪，甚至彻底离开了软件行业。

认识到这种现象，一些有经验的开发人员不愿报名参加新项目，因为他们知道这样做意味着再次错过夜晚、周末和夏天。

不过，通过把工程方法应用到软件开发，可以避免这种模式的继续。过去的项目平均花费了 40%到 80%的时间在纠正缺陷上，[13] 而采用软件工程方法可以减少缺陷的产生，或使团队能更高效地解决这些问题。将工作时间从每周 80 小时减少到 40 小时，减少一半的工作量，就是朝着积极改变方向迈出的重要一步。

开发人员在完成繁重的任务时需要创建一种不寻常的工作关系，也就是对项目和公司有所承诺。根据我的经验，无论软件开发人员多么不喜欢他们的公司，他们很少都在项目过程中退出。其他行业，人们可能会说："我不喜欢我的公司，我打算在项目进行到一半时辞职，以此表达我的不满！"而软件开发人员则是："我不喜欢我的公司，但我要在这个项目完成后再离开，让他们知道他们失去了什么，这样才能给他们一个深刻的教训！"

软件开发人员似乎更注重职业道德。在执行保密协议时的一个挑战是，许多开发人员对同行的忠诚高于对当前雇主的忠诚。我观察到，软件开发人员经常与不在保密协议范围内的同事讨论公司机密。他们认为，信息的自由流通比保护特定公司的机密更加重要。开源运动中的开发人员对此观点更为推崇，他们认为所有源代码和相关资料都应该公开。[14]

我认为，对项目的忠诚、长时间工作的习惯以及对创意的高追求是相互关联的。当开发人员对即将创建的软件有了清晰的愿景后，最重要的就是将这一愿景转化为现实，他们的心思总会牵挂在项目上，直到任务完成为止。

有能力对软件的愿景做出明确的承诺，这本身意味着软件工程专业已经建立了。开发人员愿意对项目的同事或者整个行业的其他同事做出承诺。软件工程专业及其相关的专业协会可以为这种职业承诺提供建设性的指导。

软件人口统计

程序员还有一个刻板印象，就是普遍比较年轻。相比美国其他劳动力，软件从业者的平均年龄确实更小。如图 7-1 所示，软件劳动力的主要年龄段集中在 30 至 35 岁之间，这比其他技术领域的劳动力普遍年轻约 10 岁。此外，这个行业的性别差异也相当显著，绝大多数软件开发人员都是男性。依据 2000 年的数据，计算机和信息科学领域中 72% 的学士学位和 83% 的博士学位被授予给男性。[15] 在高中阶段，只有 17% 参加 AP 计算机科学课程的是女性，这是所有 AP 课程中女性比例最低的一项。[16]

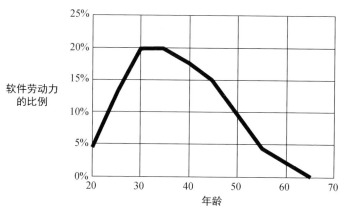

软件劳动力
的比例

年龄

资料来源：一个移动目标——试图定义 IT 人力资源的研究 [17]

图 7-1　最大软件工作者群体的年龄集中在 30 到 35 岁之间，比起其他
　　　　技术职业中最大的劳动力群体，要年轻 10 岁左右

程序员的平均年龄比较年轻，而且多为男性。把他们和小马快递的快递员相提并论似乎显得越来越合理了，虽然并没有证据表明计算机程序员比普通人更"苗条"。

教　育

　　大多数程序员经历了逐渐认识职业的过程。我记得自己在第一次写程序时，我以为只要程序编译通过，没有语法错误，就应该能运行。然而，在清理完语法错误之后，程序有时候仍然无法正常工作，剩下来的那些问题似乎比语法错误更加棘手。我还曾以为，只要程序通过了调试，编程就不再是难题了。但当我开始尝试构建更庞大的程序时，我发现自己错了，因为不同的部分并不总能像我预期的那样协同工作。我曾期待，只要掌握了有效的设计方法，软件开发就能够顺利完成。尽管我设计了一些优雅的架构，但随着需求的不断变化，有些设计不得不修改。那时，我认为，只要能够精确捕捉需求，就能完全掌握软件开发。然而，在学习如何正确获取需求的过程中，我开始认识到，软件开发可能永远无法完全掌握，而这成了我软件工程启蒙的第一步。

　　程序员通过不同的途径完成了个人成长的旅程，有些人的经历与我相似，有些则不尽相同。大部分开发者都接受过良好的教育，但他们在软件开发方面主要靠自学。表 7-1 显示，大约 60% 的软件开发人员获得了学士学位或更高学历。根据联合工程基金会的统计，大约 40% 的软件工作者获得了软件相关学科的学位 [18]，约有一半的人先在其他领域获得学士学位，后面才转到了软件相关学科。还有 20% 的软件工作者持有数学、工程、英语、历史或哲学等其他领域的学位。剩余的 40% 完成了高中或部分大学课程，但未获得四年制学位。

目前，美国大学每年授予约 35 000 个计算机科学和相关专业的学位，[19] 每年新开发的软件开发职位约为 50 000 个。

从这一数据可以看出，许多从事软件开发的专业人士未曾经受过正规的计算机科学教育，更不用说接受专业的软件工程培训了。他们多是通过在职培训或自学来掌握必要的技能的。因此，提供更多、更统一的软件工程教育是提高软件开发实践水平的重大机会。

表 7-1　软件开发人员的教育 [20]

受到的最高教育水平	软件开发人员的占比
高中毕业或者相当的学习	11.8%
受到过一些学院教育但没有获得学位	17.2%
大专学位	11.0%
学士学位	47.4%
研究生学位	12.8%

工作前景

目前美国软件工作者的总就业人数约为 200 万。如表 7-2 所示，这包括了计算机科学家、计算机程序员、系统分析师、网络分析师及软件工程师等职位，虽然某些官方职位名称听起来可能略显陈旧，但它们实际上涵盖了现代软件职业的各个方面。

美国的软件开发人员面临着极佳的职业前景。据美国劳工统计局预测，从 2000 年到 2010 年，计算机和数据处理服务行业将是增长最快的领域，预计将增长 86%。软件工程预计将是增长最快的工作类别之一，所有计算机相关的职业类别都预计将有所增长。[21]

表 7-2　软件工作者的工作细分 [22]

职　　称	美国软件人员的当前数量
计算机和信息科学家（研究）	28 000
计算机编程人员	585 000
计算机软件工程师（应用）	380 000
计算机软件工程师（系统软件）	317 000
计算机系统分析师	231 000
网络系统和数据通信分析师	119 000
其他计算机专家	203 000
总和	**2 063 000**

全球软件开发职位的增长预计将与美国一样迅猛。表 7-3 显示了预计的增加人数。

表 7-3　全球软件开发工作职位 [23]

年　　份	编程人员数量
1950	100
1960	10 000
1970	100 000
1980	2 000 000
1990	7 000 000
2000	10 000 000
2010	14 000 000
2020	21 000 000

每年授予的计算机科学及相关领域学士学位的数量与新增职位之间存在约 15 000 个的缺口。鉴于这种情况，预计未来几年内美国就业市场对计算机程序员的需求将保持高位，尽管会有周期性的波动。自 20 世纪 60 年代中期以来，劳动力短缺一直是软件行业的一个持续现象。[24] 软件相关职位由于其良好的薪资、福利和工作环境等因素而备受青睐。[25] 程序员知道，他们的工作供不应求，没有太多的竞争。

编程高手和问题成员

软件项目一方面缺少熟练的编程人员，另一方面习惯于制定过于乐观的时间表，只有编程高手才能够驾驭这样的舞台。编程高手承担了挑战性的任务，编写了大量的代码，长时间地加班加点。他们是项目不可或缺的一部分，简直像是凭一己之力扛下了项目成功的重任。

项目经理既欣赏这些能干的程序员，又觉得他们有些难以管理，因为这些程序员聪明、性格倔强、有时候又有点自以为是。但项目经理也明白，没有这些编程人员，项目是不可能完成的。[26] 在技术人才短缺的市场中，找到合适的替代者极其困难。

但问题在于，尽管这些编程高手在编码上取得了显著的成就，但其实并不懂得如何与团队协作。他们对设计信息和源代码秘而不宣，拒绝参加技术评审，不遵守既定的团队规范。他们的行动妨碍其他团队成员做出有价值的贡献。许多潜在的编程高手最终没能成为项目的英雄，而是成了团队中的问题成员。

　　个人杰出表现可以促进项目的成功，但团队合作通常比个人成就更有贡献。IBM 进行的一项研究发现，普通程序员大约只有30%的时间用在了工作上，[27] 其余的时间是和队友、客户一起度过或是参加其他互动活动。另一项对 31 个软件项目进行的研究发现，最伟大的个人对整体生产力的最大贡献是团队的凝聚力，[28] 个人能力明显地影响了生产力，但不如团队凝聚力的影响大。

　　许多人喜欢接受能够扩展各自能力的具有挑战性的项目。那些真正勇于挑战能力边界、遵守合理的软件开发实践，并与其他队友真诚合作的程序员才是真正的编程高手。

关注人性

　　通过对程序员性格类型的深入分析，我们对他们的性格有了更加全面的理解。程序员的稀缺导致所有技术人员不得不延长工作时间，这不仅包括编程高手，也包括其他团队成员。这意味着，他们几乎没有时间自学和提升专业技能。这就出现了一个"先有鸡还是先有蛋"的问题：在有时间进行教育和培训之前，我们无法实现更好的开发实践；而只有实施了更好的实践，我们才能有时间进行教育和培训。

　　在为软件专业化这一伟业贡献力量的同时，编程人员的年龄也在逐渐增长。软件职业存在的时间越长，程序员的平均年龄就越会趋近于其他行业的人员。为工作奉献大量时间对于 20 多岁的年轻人来说是可以容忍的，但随着年龄的增长，结婚、育儿、购房等生活阶段的到来，这种工作压力将变得难以忍受。随着当前程序员群体年龄的增长，依赖个人英雄主义的软件开发方式可能会自然而然地被更加高效和平衡的工作方法所取代，允许软件工作者在承担项目责任的同时，也能拥有充足的个人时间。

✎ 译者有话说 ✐

本章从职业特点、公众印象、人员性格、职业教育水平、职业分类、团队配合等方面分析了软件编程人员的特征，其目的是把软件人员水平提高到专业高度，同时发挥他们特有的专业才能。

1. 软件工作当时是最令人向往的工作，但是程序员给人刻板的印象。

2. 用迈尔斯-布里格斯类型指示器测出的程序员的特殊性格是内向、实感、思考和判断（ISTJ）。

3. 伟大的设计师的性格在整体考虑与特定顺序、直觉与逻辑、理论与具体细节之间来回换位，他们能够从许多不同的角度看待问题。

4. 软件人员对项目忠诚、习惯于长时间的工作，对创造力有高要求。

5. 软件工程劳动力的年龄结构大约在 30 到 35 岁之间，普遍比其他行业的从业人员年轻。

6. 软件工作分类：计算机科学家、计算机程序员、系统分析员、网络分析师和软件工程师等。

7. 项目经理既喜欢又难于管理这些能干却特立独行的编程高手。

8. 团队合作通常比个人成就的贡献更大。基于以上的分析，需要把编程高手的单打独干的开发方式提高成为专业协作的软件工程开发方式。

第 8 章　提高软件意识水平

> 如果你从肯定开始，则必将以问题告终，如果从问题开始，则将以肯定结束。

> ——弗朗西斯·培根

　　1970 年，查尔斯·赖克出版了一本名为《绿化美国》的畅销书。[1] 他在书中定义了 3 种认识等级（awareness）或意识等级（consciousness），他称之为意识 1、意识 2 和意识 3。

　　意识 1 是开拓者的心态。在意识 1 水平上工作的人们比较独立自主。他们不轻易采纳其他人的建议，可以自力更生，自给自足。赖克认为在美国建国之初，意识 1 在美国人的意识形态中占主导地位，这种对自力更生的重视是美国发展的一个关键因素。

　　意识 2 则是典型的公司经营者思维，即灰色法兰绒套装心态。这一层次的人明白了与人协作和遵守商业规则的重要性，坚信规

扫码查看原文注释

则对于维护社会秩序至关重要，并认为人人都应遵循规则。赖克指出，20 世纪中叶，意识 2 开始占据主导地位。

意识 3 代表了一种开放而独立的思考方式。处于这个水平的人基于原则行动，很少受制于意识 2 的规则，也不像意识 1 那样自我为中心。当《绿色美国》一书出版时，赖克认为意识 2 的时代已经结束了。他认为意识 3 很快将取代意识 2，成为新的主流。

虽然《绿化美国》出版时引起了巨大的反响和共鸣，但是历史并没有善待这本书。1999 年，《石板》杂志的读者将其评为 20 世纪最愚蠢的书之一。赖克所说的意识 3 实质上反映了一种反传统和反政治的嬉皮士思想。这一思想在 20 世纪 60 和 70 年代推动了全国性的嬉皮士文化运动，以迷幻药品和喇叭裤等为标志。然而，随着嬉皮士文化在 80 年代的衰落，赖克的预言也随之被淡忘。

软件意识分级

赖克的政治预测可能没有经受住时间的考验，但他对意识 1、意识 2 和意识 3 的分类为当今的软件行业提供了一个有用的模型。

在软件行业中，意识 1 与注重自力更生有关。这类软件开发者常被比喻为"牛仔"或"独狼"。这个级别的软件开发人员往往听不进其他人的想法，喜欢独自工作，不愿遵循标准。他们的"非我独创"综合症（Not Invented Here Syndrome，也称 NIH 综合症）比较严重。

软件意识 1 的优点是不需要很多培训，这种独狼式工作方式适合于少数程序员在小型项目中独立工作的环境。但缺点是，这种方法难以应用于需要大团队协作的更大规模项目，这意味着它仅在小规模的情况下有效。

软件中的意识 2 更关注规则。许多开发者逐渐认识到独立开发的局限性，开始认识到了团队合作的价值。随着时间的推移，他们学会了与他人协作的规则。一些开发团队通过试错法，创建了自己的非正式规则，工作效率提高了很多。还有一些软件团队则采纳了现成的方法。有时这些规则由外部顾问提供，如经典的"三环活页夹"的方法。[17] 还有些时候，人们会从书籍中借鉴规则，例如统一软件过程 [2]、极限编程丛书 [3] 或者我的另一本书《软件项目的艺术》[4]。这种意识水平的开发人员遵守规则的细节，争论的主要内容是哪些规则的解读是正确的。他们的主要关注点是"遵循规则"。

软件意识 3 更加关注原理。在这个意识级别的开发人员认识到，任何既有的方法论的规则充其量只是与原理相似。这些规则可能在多数情况下有效，但并不意味着它们适用于所有场合。因此，开发者需要接受广泛的教育和培训，以掌握那些能够促进软件开发成功的核心原则。获取此类教育和培训并非易事，但一旦接受了相应的教育和培训，开发者将掌握一套全面的软件工程工具，使他们能够支持各种项目的成功。

意识 2 的方法是由标准化技术和流程组成的，而意识 3 的方法更关注原理，并且要求开发人员施展判断力和创新能力。意识 2

的组织可能只会训练开发人员使用唯一一种方法。如果方法选择得当，则许多项目都能从这一套相对简化的培训中受益。在其适用范围内，意识 2 的方法看起来与意识 3 似乎没有什么差距。但如果超出了适用范围，意识 2 的开发人家就将无法在项目上取得成功。在这种情况下，他们就变成了如第 3 章所描述的货物崇拜式组织。如果只是盲目遵循程序的描述，不去真正理解程序的工作原理，这可能导致项目成败参半。

对症下药

长期以来，软件行业一直在寻找"万金油"那样的灵丹妙药，但最终这被证明是不可行的。这类方法属于意识 2 的软件开发方式，仅在特定的场景、预测性和准确性需求下有效。然而，软件的多变性使得我们无法用一套统一的规则来处理所有情形。

例如，让我们比较一下用来开发心脏起搏器控制程序的方法与开发光碟租赁店管理程序的方法。假设一个软件故障导致一千张 DVD 中有一张遗失，可能只会对一小部分店铺的盈利造成微小影响。但如果这种故障使得一千个心脏起搏器中有一个发生故障，问题就变得严重了。一般来说，开发用途广泛的产品比用途单一的产品需要更加小心谨慎。对于那些对可靠性要求高的产品，则需要更加谨慎地开发，而对于那些可靠性要求较低的产品，标准可以适当放宽。

不同类型的软件项目需要采取不同的开发策略。对于光碟租赁店管理软件而言，有些做法可能显得过于严格、官僚主义或繁琐，但是如果这些方法被应用到嵌入式心脏起搏器的控制上，它们却可能显得过于不负责任，被认为是快速而粗糙的方法。意识 3 级别的开发人员会在开发心脏起搏器控制时和在开发库存跟踪视频系统时采用不同的开发方法。意识 2 级别的开发人员将尝试对这两个项目采用某种"万金油"方法，但这种一概而论的做法不可能与任一项目的具体需求精确匹配。

你有经验吗

赖克将 3 个意识水平定义为各个时代的精神象征，但是在我看来，意识 1、意识 2 和意识 3 是走向个人软件工程成熟道路上的 3 个截然不同的阶段。大多数软件开发人员在第 1 阶段开始他们的职业生涯，并最终抵达第 2 阶段。在少数环境下，意识 2 足够支持有效的工作，不需要进一步的发展。然而，许多工作环境都要求软件人员进一步提升到第 3 阶段。

通过读书提升到意识 2 似乎是意识 1 水平开发人员的理想学习途径，因为意识 1 阶段的开发人员尚未精通广泛的软件实践。具体的基于规则的实践细节可能并不是关键，对于那些正试图从意识 1 提升到意识 2 的人而言，首要任务是拜托项目管理的无序状态。为了进一步提高到意识 3 阶段，他们需要学习原理，并通过应用这些原理来获得实践经验。达到意识 3 阶段的开发者已深刻理解软件项目的动态变化，并能在必要时灵活地突破常规。这是从学徒到熟练工，再从熟练工到专家的自然发展过程的一部分。

❧ 译者有话说 ❧

本章介绍了 3 个级别的软件意识。如果想提高软件工程的专业水平，就必须了解软件工程的意识水平。

意识水平 1：是牛仔式的程序员水平，他们喜欢独立工作，往往听不进其他人的相反意见，不喜欢遵循标准。

意识水平 2：这种意识水平的程序员更遵守规则，他们学会了用规则与他人协调工作。他们关心的是哪些规则的解释是正确的，重点放在"遵守规则"。

意识水平 3：在这一水平上的软件人员具有开明独立的思想方法，要求使用判断力和创造力。他们掌握了软件项目的动态特性，必要时可以打破规则，以达到最佳效果。软件意识水平的提高过程实际上就是从学徒到熟练工，再从熟练工到专家的整个自然发展过程的一部分。

第9章　建设软件社区

> 如果有人真心渴望探索未知，而非仅仅满足于现有的认知；如果有人想要成为征服自然的实干家，而不是满口空谈的批评家；如果有人追求明确务实的知识，而不是华而不实的假说；那么，我们欢迎这个人作为真正追寻科学真理的学徒加入我们的行列。
>
> ——弗朗西斯·培根

1984 年，我开始了职业生涯中第一份全职编程工作，成为一名分析师，这家咨询公司只有五名员工。我得到了令人满意的薪资，还有无限量供应的百事可乐。我开始研究 IBM PC 项目，发现它比我大学期间参与的任何大型机项目有趣多了。

这些项目的规模比我在大学里参与的项目大得多，持续时间从一天到一个月不等。我掌握了在学校里从未接触过的技能，学会

扫码查看原文注释

了如何与他人合作；学会了如何与经常变更项目要求的老板进行辩论；还学会了如何与依赖我们软件的客户协作，处理他们的抱怨，尤其当软件无法按照他们需要的方式运行时。

我的第二份工作是用大型主机来完成航空项目，这是一个文档要求极为严格的政府项目，它的效率低下到令人震惊的地步。我确信，我以前的公司可以用 3 到 4 个程序员在 3 个月内完成这个项目，而这个政府项目却组建了 30 人的团队，用了 3 到 4 年的时间才完成。

在项目中，有一位同事因为拥有尼古拉斯·沃斯①的著作《算法+数据结构=程序》[1] 而被视为权威。我对那份工作不太热衷，下班后便把编程的事完全抛诸脑后，对我来说，那是一种解脱。

完成航天项目后，我回到了一家小公司，成了办公室里唯一的程序员。我兴奋地开启了一项计划长达一年的项目，用 C 语言编写 DOS 用户通用软件的程序，充分发挥个人电脑的性能。虽然这里没有免费的百事可乐，但能够重新使用微型计算机让我非常激动。这个项目重新点燃了我对编程的热情，遗憾的是，我身边没有人能和我分享这份热情。

到那个时候，我已经在这个行业全职工作了大约 3 年，除了编程语言和机器手册，我没有读过任何编程书籍或订阅过任何编

---

① 译注：Niklaus Wirth（1934—2024），生于瑞士温特图尔，瑞士计算机科学家，编程泰斗之一，Pascal 之父、Modula 之父，先后获得图灵奖（1984年）、IEEE 计算机协会计算机先驱奖（1988 年）、瑞士工程院院士（1992年）、美国工程院外籍院士（1994 年）等荣誉。

程杂志（虽然我买了一本《算法+数据结构=程序》）。

　　我之前工作的那家小公司自称是一个程序员的"精英团队"。面试时，他们告诉我公司掌握了众多的商业机密，正是这些机密让公司能够成为"精英团队"。入职后，我急切地想了解这些商业机密，于是我的老板递给我一本菲利普·梅兹格（Philip Metzger）的《编程项目管理》[2]。我一口气读完了这本书，并惊讶地发现梅兹格的经历与我的许多经历惊人地相似。我曾经为规划新的一年期 DOS 项目而苦苦挣扎。梅兹格的书为我面临的众多问题提供了解决之道，在项目的剩余时间里，我将他的书当成了我的项目规划指南。

　　阅读《编程项目管理》后不久，我发现埃德·尤登和拉瑞·康斯坦丁合著的《结构设计》[3]一书。浏览这本书后，我终于明白了为什么我在 DOS 程序设计上遇到了如此多的困难。按照他俩的建议，我重新设计了模块之间的调用结构，于是项目的推进就顺利了起来。这让我意识到，可能还有更多的资料能帮助我提升工作效率，我之前没有这个意识。

　　那时，我隐约想起了教授们几年前提到过 ACM 和 IEEE。虽然我没有计算机编程的学位，也不认为自己是专业程序员，但我还是决定申请成为会员。于是，我开始订阅《ACM 通讯》[4]，《IEEE 计算机》[5]和《IEEE 软件》[6]，《IEEE 软件》很快成为我的最爱。我发现了许多关于我感兴趣的话题的文章，例如如何帮助客户明确需求、如何管理大型项目的复杂性、如何编写可维护代码和如何与多个程序员协作等。这些专业文章内容深刻，不像我以前阅读的流行杂志那样浅尝辄止，我认为这些内容能为我的职业生涯产生深远的影响。

这是我作为软件开发人员的成长中的转折点。在成为《IEEE软件》读者社群成员之前，我只把编程看作一份工作——每天上班，领工资，回家后便不再考虑软件相关的事情。然而，加入IEEE 之后，我逐渐认识到，即使自己身处办公室，也并非孤勇者。我是软件开发大本营的成员，社区成员都热心于软件开发，愿意分享他们的知识和经验，以造福其他软件开发人员。

鉴于软件界人们的教育背景和技术水平差异巨大，有人可能会质疑真正意义上的软件开发社群是否真的存在。但我认为，正是这种能力的差异更加凸显了建立社区的重要性。社区聚集了从资深专家到初学者的各类人士。有效的社区既要满足资深成员的需求，也要关照新人。它应当服务于那些拥有计算机科学、软件工程等专业背景的人，同时也欢迎那些自学成才的程序员。无论是科学家、工程师、会计师、教师、医生、律师，即使这些人原本并没有成为软件开发者或工程师的想法，他们也可能会发现，编程不知不觉间已经成了自己工作的一部分。

像 IEEE 计算机学会这样的专业协会对于任何成熟职业都是不可或缺的。它们为志同道合的专业人士提供了一个交流平台，通过会议、出版物、讨论组和大会等多种方式分享专业知识。专业的组织提供了多种结构化方式，软件工程师需要成为团队的一员，才能与他人交流宝贵技巧和窍门。

❧ 译者有话说 ❧

　　作者在本章中讲述他在软件工作中成长的过程，特别强调了建设软件社区的重要性。

　　在做初级和中级软件开发工作中，他还处在第 8 章定义的软件意识水平 1 上，满足于独立开发软件所带来的自由。在此期间，他看到了政府软件项目有多么低效，并接触了两本软件书籍《算法+数据结构=程序》和《结构设计》。

　　在加入 ACM 和 IEEE 美国软件学会的社区后，他学到了许多专业知识，软件社区的成员关心软件开发，分享编程经验，大家互相受益。这是作者在软件开发成长的分水岭。像 IEEE 计算机学会这样的专业协会是任何成熟职业的重要组成部分。

第 10 章　建筑师和木匠

工程师创建计划，建设者实现计划。

——特瑞·马金尼斯

在成熟的行业中，职位是根据专业级别和专业领域来划分的。例如，在建筑业中，建筑师和工程师负责设计方案，而总承包商负责根据这些设计方案来施工。总承包商通常会把部分工作外包给专业的分包商，例如架构师、管道工、电工和园艺师。同样，软件行业也在逐步建立自己的职业体系，形成了类似于建筑行业中的"工程师"和"建设者"，并为类似于架构师、管道工、电工和园艺师的角色制定了专业标准。

职称分级

就像其他领域一样，专业的工程师背后往往有工程技术人员和技术专家的支持。美国国家认证协会为工程技术领域提供了五个

扫码查看原文注释

不同等级的认证。医疗领域也具有明确的职业层级，包括医生、医生助理、注册护士、执业护士和护士助理。法律领域则涵盖了从律师到律师助理、法律秘书的不同职位。每个复杂的领域都有职称分级。

如图 10-1 所示，随着软件工程变得更加成熟，软件行业将划分出不同的职称，有的职称需要较多教育和培训，有的要求则较低。一部分软件开发者会接受全面的专业软件工程教育，另一些则可能追求专业的软件工程认证，但大多数人都没有许可证。那些获得认证的个人将享有等同于医生的职称，而接受广泛教育但未获得全面认证的人在职称上则类似于医生助理。

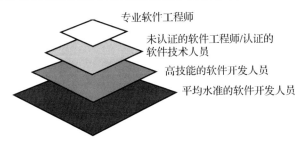

专业软件工程师

未认证的软件工程师/认证的软件技术人员

高技能的软件开发人员

平均水准的软件开发人员

图 10-1　软件开发领域正在根据不同的专业水平进行职称分级。训练有素的顶级软件从业者通常承担最大的责任并拿到最高的薪水

最后，我们还会看到证书又分为软件工程师和软件技术人员（即当今的程序员）。软件技术人员在职称上等同于医生助理、注册的医学护士或者认证的工程技术人员。一些软件技术人员会追求认证，另一些则不会。正如其他职业一样，那些需要接受更多教育和培训的职称将承担更多的责任并拥有更高的声望。

追求顶级专业证书的软件开发人员或许能享受到比其他开发者更为优厚的薪酬和待遇。据统计，在美国获得专业资格认证的人在收入上比获得学士学位的人至少高 50%。[1] 获得硕士学位的人在收入上比获得学士学位的人高 25%，这种差距在未来可能还会扩大。劳工统计局的报告显示，从 2000 年到 2010 年，对于那些需要适度在职培训的职业，需求预计将增长 11%；对于那些需要硕士学位的职业，预计需求增长将达到 23%。[2]

职业专业化

除了职称级别之外，软件行业还需要明确工作的专业方向。如今，大多数软件从业者都是多面手，他们有时是工程师，有时是建设者。专业化是成熟职业的一个重要特征。

早在 20 世纪 70 年代末，布鲁克斯就提出了软件工程的专业化概念，他建议根据外科手术团队的结构来建立编程团队。一位首席程序员（"主治医师"）应该编写绝大部分代码，而其他团队成员围绕着首席程序员担任辅助角色。[3] 在 20 世纪 60 年代末进行的一个实验项目中，采用这种结构的团队展现了前所未有的生产力。[4] 布鲁克斯认为，这种外科手术团队的结构是项目取得成功的关键。

这个著名项目完成四分之一个世纪之后，人们开始发觉，卓越的生产力似乎不是来自特定的外科团队结构，而是源于项目的高度专业化。其他有关软件工程的研究表明，与采取特定的组织模式相比，良好的专业角色培训对于提升工作效率的贡献更大。[5]

当下的软件行业主要有两类专业认证：技术专业化和软件工程专业化。如图 10-2 所示，软件技术人员主要专注于深入理解特定的技术领域。针对这一需求，多家公司开放了各种"软件技术人员"的行业认证，例如微软、甲骨文和苹果。

图 10-2　除了职称，软件领域还发展出许多不同的技术专业和软件工程专业

专业化也开始在软件工程实践中出现，这是一个重要的趋势。卡珀斯·琼斯曾指出，由于缺乏专业化，大约 90%的美国软件组织面临着质量不佳、项目延期及预算超支等问题。[6]

如表 10-1 所示，公司雇的软件工作人员越多，对专业人员的需求越大，他们的工作主要集中在专业领域而不是一般的编程工作上。在拥有 10 名编程人员的小型软件组织中，这 10 名员工可能都是多面手，或者职责分得相对简单，如开发、测试和管理。在少数几个雇用了上万名软件工作人员的大型公司中，至少有20%的员工从事高度专业化的工作，有些组织中这一比例甚至达到了 40%。琼斯在进行评估工作时遇到了超过 100 种不同的专业。

该表中显示的特定专业是粗略平均值。专业人员与多面手的比例会因公司类型和软件组织种类而有所不同。

专业化的效益并非软件所独有。例如，乡村医生必须是多面手，城市里的大型医院则依赖于分散于各科室的数百名医生。专业工程师参加专业考试就像律师参加法考一样。专业化是成熟领域的一个属性。

表 10-1　公司的规模与适当的专业化 [7]

专业	软件员工人数				相对于多面手的比例
	< 10	< 100	< 1 000	≈ 10 000	
专家比例	0	10%～25%	15%～35%	20%～40%	--
架构			X	X	1 : 75
配置控制			X	X	1 : 30
成本估计			X	X	1 : 100
客户服务		X	X	X	1 : 25*
数据库管理		X	X	X	1 : 25
教育和培训				X	1 : 250
功能点计数			X	X	1 : 50
人员因素				X	1 : 250*
信息系统				X	1 : 250*
集成				X	1 : 50
维护和增强	O	X	X	X	1 : 4
测量			X	X	1 : 50
网络		X	X	X	1 : 50
软件采购				X	1 : 150
性能				X	1 : 75

续表

专业	软件员工人数				相对于多面手的比例
	< 10	< 100	< 1 000	≈ 10 000	
规划				X	1∶250*
过程改进				X	1∶200
质量保证	O	X	X	X	1∶25
需求			X	X	1∶50*
重复使用性				X	1∶100
标准				X	1∶300
系统软件支持		X	X	X	1∶30
技术写作	O	X	X	X	1∶15
测试	O	X	X	X	1∶8
工具开发				X	1∶250*

*该数值是根据琼斯的讨论估算的，但他没有给出具体专业化的数值；O 表示偶尔观察到；X 表示通常观察到的

团队专业化

单独的项目像软件组织一样需要专业化。我们按照《软件工程知识体系指南》（SWEBoK）第 5 章的描述，建立了技术项目团队。即便是在规模最小的项目团队中，都含有以下专家角色：

- 执行主管；
- 设计主管；
- 规划和跟踪主管；
- 项目业务经理；

- 质量保证主管；
- 用户需求主管。

在大多数项目中，一个人可能会担任多个主要角色，但我们发现为管理项目的每个领域指派专职人员是一种高效的做法。即便是只有 5 到 10 人参与的项目，也都需要每个领域的专业知识。若想了解有关这些领域的更多信息，以及各个领域的研究计划，可以访问 www.construx.com/profession。

时间将会给出答案

增加职称和专业细分这个预言是会成真，还是会在 20 年后沦为笑柄？我的水晶球显示，总有一天软件领域将像其他成熟领域一样实现结构分级和专业化。医学、法律、专业工程以及其他成熟的行业已经如此。至于软件的分级和专业化需要 10 年、20 年还是更长时间，我无法透过水晶球看到答案。

❧ 译者有话说 ❧

本章的主题是讨论软件行业的职称体系和专业化，这些都是软件领域成熟的必然趋势和重要属性。

1. 职称等级化：随着软件工程变得更加成熟，软件从业人员将按照能力和经验分别被授予不同的职称，有的职称需要较多教育和培训，有的职称需要较少的培训。

2. 职业专业化：公司雇的软件工作人员越多，对专业人员的需求越大，他们的工作主要集中在专业领域而不是一般编程。

3. 团队专业化：即使做最小的项目，也应该使用不同领域的专业人员或指定相应的专业角色，包括设计、规划和跟踪、项目业务、质量保证、用户需求等。

第 11 章　经验是写作的基础

> 读书不是为了雄辩和驳斥，也不是为了轻信和盲从，而是为了思考和权衡。
>
> ——弗朗西斯·培根

　　1987 年，弗雷德·布鲁克斯提出了一个观点："最好的软件工程实践和普通的实践之间存在着巨大的鸿沟，可能比任何其他工程学科的实践更大。这种差异可能比其他任何工程学科都要大。我们需要强有力的渠道来传播优秀的软件工程实践。"[1] 延续布鲁克斯的思路，美国计算机科学与技术委员会在 1990 年提出，如果以软件工程手册的形式传播有效的实践（包括整理、统一和分发已有的知识），软件开发质量和软件开发生产力将迎来大幅提升。[2]

　　那么，这些手册应该由谁来写呢？

扫码查看原文注释

1837 年 8 月，拉尔夫·沃尔多·爱默生[①]发表了一篇题为"美国学者"的演讲。即使是在 2002 年（165 年后），我们也可以从这段演讲中找出谁来编写这些软件手册的线索。

考虑到当前软件图书出版行业的格局，撰写软件开发书籍的作者有 6 种：

- 近期退休的专业人士；
- 大学教授；
- 研讨会讲师；
- 咨询顾问；
- 智库开发人员；
- 开发生产软件的开发人员。

前面的每个群体都可以做出有价值的贡献，不容轻视。近期退休的专家可以将多年累积的经验、深刻的洞察和反思整合到他们的写作中。大学教授可以提供最新的研究成果。研讨会讲师可以在将自己的理论写成书之前先在众多学生面前通过实践来测试这些理论。咨询顾问每年都有几十位客户，与各行各业都有接触，并且会观察到各种有效的和无效的软件实践。施乐帕罗奥多研究中心、AT&T 实验室以及类似环境的智库开发人员已经开发出了一些出色的软件工程技术。然而，我认为，那些在生产环境中开发软件的开发人员应该成为编写这些手册的主力军。

---

① 译注：Ralph Waldo Emerson（1803—1882），毕业于哈佛大学，思想家、文学家、诗人，代表作有《论自然》《爱默生随笔》。他资助梭罗在瓦尔登湖居住，后者的代表作是《瓦尔登湖》。

在"美国学者"这篇演讲中，爱默生把美国的学者分为两种：思想家（thinker）和思考者（man thinking）（他认为后者才是真正的美国学者）。思想家专注于思考，他们通过阅读书籍、文章和对现实世界的描述间接地体验生活。另一方面，思考者是一种活跃于现实世界，积极参与贸易或职业活动的人，他们会不时地停下来反思，但非常重视实践。"真正的思想家轻视每一个需要行动的机会，认为参与劳动就是失去了权力。而聪明的人正是用这些原材料动手塑造出了杰出的产品。"爱默生认为，思考者的亲身经验对于天才的诞生相当关键，天才只会从思考者里诞生，而不是纸上谈兵的思想家。

爱默生说，只有拥有切身体会的人才能理解其他思考者的文章。无法将实践经验与阅读相结合的读者，往往难以领会书中的深意。但是"当我们头脑里充满了劳动和创造的画面时，我们就能从书中找到灵感和启示，每个句子都引人深思，让我们能够进一步理解作者的深意。"

如果读者没有"劳动和创造"这一基础，他们就无法从阅读中汲取营养，同样，没有参与过劳动和创造的作者写出来的东西也没有多少价值。正如爱默生所说，行动是必不可少的。没有它，思想永远不会成熟，转化成真理。读者一眼就能辨别出哪些文字是充满生命力的，哪些则是空洞乏味的。我认为，我能立即从一个人的言辞判断出他的经历有多丰富。生命就像我们身后的采石场，石匠们在那里辛勤工作，打造石板和石砖，大学和书籍只是在模仿那些在田野或工地工作的人所创造的语言。

仅凭空想而非基于实践来写书的思想家所面临的那些问题，

我称之为"库珀综合症"。詹姆斯·费尼莫尔·库珀（James Fenimore Cooper）是一名作家，他对美洲原住民很是着迷，并创作了《猎鹿人》和《最后的莫西干人》等小说。后来，伟大的幽默作家马克·吐温批评库珀的作品充满了不切实际的幻想。

在《猎鹿人》的一段情节里，库珀描述了六名印第安人爬上一棵小树，悬挂在河上，准备跳向一艘经过的驳船。这艘船的尺寸为长 90 英尺、宽 16 英尺，他们的目标是跳到位于船中央的机舱顶部。尽管他们仔细计划了跳到机舱顶部的时间，但只有一人差点成功，最终落到船尾，其余 5 人全部跌入水中，错过了船。

马克·吐温是一名经验丰富的河船驾驶员，对库珀这段描写提出了严厉的批评。他对这类情况极为熟悉，并指出一棵"小树"能够承受六个成年男子的重量本身就不可思议。然后他指出，根据库珀对这条河的描述，指出即使是长度只有库珀所描述驳船三分之一的船只也难以在这条河上航行，更不用说库珀提到的驳船了。这艘船肯定会在转弯的地方卡住。让我们具体分析一下印第安人的跳船过程。驳船在逆流而上时，最大速度大概是每小时 1 英里。也就是说，印第安人有 1 分半钟的时间跳上船，其中至少有整整一分钟的时间可以跳到机舱顶部。这个时间窗口相当宽裕，不需要精确的计时，这些印第安人几乎不可能错过时机。也许他们没有意识到，在船经过印第安人所在的位置时，河流的宽度只比船宽 2 英尺。他们本可以在岸上等着，然后在船经过时跳上去，省掉很多麻烦。但正如马克·吐温所说，库珀没有让他的印第安人选择这种更为简单的方法，他们的失败是由作者的设定失误引起的，而不是印第安人本身的过错。

第 11 章　经验是写作的基础

在第 17 届国际软件工程大会上，戴维·帕纳斯指出，在早期的会议上获得"最有影响力"奖项的论文实际上对行业几乎没有什么影响。[4] 我认为为库珀综合症是其中的一部分原因。这些论文虽吸引了学术界的兴趣，但对实际从业人员的吸引力却微乎其微，因为从业者发现这些论文描述的方法不切实际，就像库珀对印第安人的描绘一样缺乏可信度。

软件开发实践者对于软件开发指南书籍的怀疑，与马克·吐温对库珀作品的批评不谋而合。他们认为软件方法论书籍过于理论化，仅适用于小型项目，在更广泛的项目应用中显得不够适用、效率低下且不完整。有时候软件作者们会因为软件开发人员每年购买的软件开发书籍数量不足一本而感到忧郁，但这其实并不奇怪。开发人员更愿意购买那些根据"劳动和创造"的经验而撰写的书，而不是那些库珀式的、与现实脱节的故事。

马克·吐温强调，最精彩的冒险故事应由真正生活在边境、对生活细节有深刻理解的人来撰写。我认为，最好的软件手册应该建立在软件开发人员的真实经历的基础上，特别是那些近期参与过软件项目的开发人员如果将爱默生的洞察应用于软件工程，那么，软件工程手册的基石应该由那些积极参与软件开发项目，并且愿意反思并记录他们经验的程序员来铺设。

如果你正在积极开发软件，我鼓励你记录下自己对软件的见解和体会。如果参与了一个给你带来了宝贵经验的项目，记得分享这些体会，无论这些经验是关于编程的技巧、质量保障的策略、项目管理的高效方法，还是那些还未被正式定义的软件开发主题。把作品投稿给杂志杂志，或者将这些想法扩展成一本书。

如果你发现自己很难把这些宝贵的洞见转化为文字，可以邀请一位顾问、研讨会讲师、大学教授或其他经验丰富的作家成为你的合作伙伴。不必担心自己学到的东西不适用于其他人的项目，正如爱默生说过的："每个正确的步骤都在导向成功。因为他有可靠的直觉，这促使他与同胞分享自己的思想。随后他发现，当他深入了解自己心灵的隐秘时，他也在发掘所有心灵的秘密……他越是深入涉及个人的隐秘念头，就越会惊奇地看到，它非常容易引起共鸣，具有普遍的真实意义。"[5]

❧ 译者有话说 ❧

　　本章的题目是"经验是写作的基础"，作者建议应该由开发生产环境软件的人员承担起创建这些软件工程书籍的主要工作，毕竟"实践出真知"。为了证实这样的观点，作者举出了一个例子，作家库珀在他的《猎鹿人》中描述了印第安人跳上船的情景，他的描述十分生动逼真。但是，当过河船驾驶员的幽默家马克·吐温却一针见血地指出，那种情节是不可能发生的。如此说来，更合理的解决方案是让有经验的软件开发人员编写软件工程书籍。

第Ⅲ部分　软件组织专业化

第 12 章　软件淘金热

> 顺境时最能发现恶习，逆境时最能发现美德。
>
> ——弗朗西斯·培根

> 迷信的根源在于人们只注意到有些事的偶然发生，却忽略了有些事从未发生过。
>
> ——弗朗西斯·培根

1848 年 1 月，詹姆斯·马歇尔（James Marshall）在加利福尼亚州的美国河附近发现了黄金，发现黄金的地方距离他为约翰·萨特（John Sutter）建造的磨坊很近。起初，马歇尔和萨特对这些豌豆大小的金粒颇感困扰，担心黄金的发现会干扰到萨特建立农业帝国的计划。然而，消息很快传播开来，到了 1849 年，世界各地成千上万的人涌向加利福尼亚，希望通过淘金一夜暴富，这一现象后来被称为加州淘金热。这场淘金热催生了新的经济活

扫码查看原文注释

动和高风险的创业文化，点燃了人们对暴富的向往。实际上，只有极少数的人在淘金热中实现了梦想。与淘金热相似，许多现代软件公司和软件开发人员依然怀抱着暴富的梦想。

加州淘金热的特别之处在于，金矿主要分布在河床中，而不是嵌在坚硬的岩石里。这意味着，起初，任何一个有锡盘和一腔创业热情的人几乎都有机会发财。但到了 1849 年中期，大部分容易找到的黄金都被挖走了，淘金的难度与日俱增。许多矿工每天要花 10 个小时在冰冷的水中挖掘、筛选和清洗。随着时间的推移，工作变得越来越辛苦，获得的黄金却越来越少。尽管 19 世纪50 年代偶有幸运者暴富的消息激励着成千上万的人继续淘金，但大多数人都在一无所获的情况下坚持不懈地工作了好几年。

在淘金热的早期阶段之后，矿工们不得不使用更先进的技术来提取黄金。到 19 世纪 50 年代初，独立淘金已成为历史，每位矿工都需要依赖他人的协助和技术支持。起初，矿工们私下合作建造了水坝，让河流改道，以便提取黄金。但很快，这些活动转向了需要更多资本的技术，非正式的矿工团体很快被公司所取代。到 19 世纪 50 年代中期，留下来淘金的矿工大多数已经成了公司雇员，不再是单打独斗的个体创业者了。

软件淘金热

每当新的重大技术出现时，便标志着一场"软件淘金热"的开始。众多公司和个体创业者纷纷涌入这些新兴技术领域，希望开发出能够让他们迅速致富的产品。我亲眼见证了几轮软件淘金热的浪潮，包括 IBM PC 和微软 DOS 操作系统的推出、从 DOS 向 Windows 的过渡，以及互联网计算的兴起。毫无疑问，更多新技术的淘金热将会接踵而来。

淘金热初期的软件开发以高风险和高回报为特点。很少有公司能在新技术的早期阶段就占据市场中的主导地位，许多"小金块"，即成功的新产品，似乎就躺在那里，等待着那些既有创新精神又敢于主动出击的人来捡拾。软件行业的淘金者急匆匆地涌入新技术领域，希望能在抢在其他人之前推出自己的产品。典型的淘金者一般是两个人在车库里合作开发。这样的传奇搭档包括微软公司的比尔·盖茨和保罗·艾伦、苹果计算机公司的史蒂夫·乔布斯和史蒂夫·沃兹尼亚克以及 VisiCalc 的鲍勃·弗兰克斯顿和丹·布里克林。

在软件淘金热的高峰期，开发者们通常会采用黑客式而非工程式方法：非正式的流程、长时间加班、忽视文档，和采用最基础的质量保证手段。换句话说，基于编程高手的边做边改的开发。这种做法不需要太多的培训，成本较低，但项目失败的风险极高。

在软件淘金热期间发家致富的概率和加州淘金热差不多，每一个成功案例背后都有数百个项目的失败。然而，这些小规模的失败并没有像那些巨大的成功那样引人注目，因此关于失败的故事很少被人提及。努力工作却未能致富的二人组合没有什么报道的价值，除非他们的车库里碰巧有其他东西值得报道。

与加州淘金热一样，在软件淘金热中，采用以编程高手为核

心的开发模式的软件项目偶尔也会传出成功的消息。淘金热项目
一旦取得成功，利润是非常丰厚的。这让软件开发人员重新捡起
了对高风险做法的信心。这种小概率事件的广泛传播加剧了淘金
热，并稳固了以编程高手为核心的开发模式的地位。

后淘金热时代的发展

进入后淘金热时代后，软件开发转向了更加规范化、风险更
低、资本投入更大和更加劳动密集型的企业活动。项目倾向于利
用更大规模的团队，依靠更加正规化的流程，遵循更多与现有代
码和行业协议兼容的标准，并采用更庞大的代码库。焦点从迅速
推向市场转移到了软件的可靠性、互操作性和用户体验上。项目
变得更加重视软件工程方面的考虑了。在淘金热期间几乎无人问
津的软件工程，在技术日趋成熟之后受到了广泛的重视。

淘金热时期的开发实践满足了那个充满危机和机遇的时代的
需求，但在后淘金时代，这种做法的可行性就大大降低了。在新
技术的萌芽阶段，很少有成熟的参与者或产品存在。进入门槛
低，而且即使初期的产品规模小、未经打磨、不稳定，仍有可能
取得成功。和加州淘金热一样，在新技术的早期，涉足新技术领
域所需的人力和资本相对较少。举例来说，Macintosh 的第一版
Word 软件就是一个典型的淘金热产品。两位在车库工作的年轻人
凭借这 153 000 行代码与大企业竞争，并取得了成功。然而，随着
技术的成熟，淘金的难度增加了。成功的公司必须在更加资本密
集的项目上展开竞争。

在淘金热中取得成功的公司沿用了淘金热期间的开发方法，这个错误破坏性最大。随着技术的发展和项目规模的增加，为了在后淘金阶段保持竞争力，成功的项目需要做更多的工作，而不仅仅是增加团队人数或扩大工作空间。

后淘金时代中，客户的要求会提高。正如《创新扩散理论》的作者埃弗雷特·罗杰斯（Everett M. Rogers）所说的那样，淘金热期间的客户多为创新者和早期采纳者。他们对技术有深度了解，对新技术充满热情，能容忍产品的粗糙功能。淘金热产品虽然远不如后期产品精细，但仍然能取得成功。后淘金时代的客户被罗杰斯称为早期大众、晚期大众和落后者。他们对风险的接受度较低，追求可靠性高和制作精良的产品，这种需求为后淘金产品设定了更高的标准。如今的 Word for Windows 就是一个后淘金时代的产品，它由 500 万多行代码组成。

如果仔细观察淘金热的动态，可以发现了一个令人惊讶的现象：在一次淘金热中获得成功的公司，在下一轮淘金热中很可能会失败。曾在早期淘金热中大放异彩的老牌公司在后淘金时代变得过于保守。这些公司重复了马歇尔和萨特的错误，认为新技术这个"金矿"是一种麻烦，会打乱他们的精心布局，影响他们在上一轮淘金热中下的赌注。这样的公司的例子包括 PC-DOS 早期的 IBM 公司，Windows 早期的莲花公司，以及互联网初期的微软公司，不过微软后来弥补了早期的错误。现代计算中最引人注目的例子无疑是施乐公司。许多现代桌面计算技术，包括图形用户界面、鼠标和以太网，都源于施乐的帕洛阿尔托研究中心。遗憾的是，施乐忙于巩固自己在复印机领域的地位，错失了进军计算机领域的良机。

还有一些公司因体量庞大而难以在变化莫测的淘金市场中有效竞争。在淘金热期间，公司不需要顾及淘金早期大众和晚期大众的客户。在淘金热市场，通过仅具备基础功能的产品也能取得成功，因为这一市场主要由创新者和早期采纳者构成。

可以预见，在互联网之后的每一个技术周期中，这种繁荣与衰退的循环都会再次上演。那些在互联网早期取得了巨大成功的公司，比如亚马逊、易趣和雅虎，可能会措施下一波技术浪潮。只有时间才能揭晓谁能成功把握下一次重大技术变革。

淘金经济学的思维和不解

从宏观经济的角度来看，成千上万的个人软件开发商自愿承担创业风险本身就是一件意义重大的事情。尽管只有少数幸运的企业家最终积累了财富，其他许多人则投入了努力和资源，最终承受了失败的代价。除个体创业者外，社会中的其他成员无需直接为这些失败买单，而大众则能从少数的成功产品中获益。但是，各个公司应该如何应对这种不断变化的局势？哪些公司有能力在淘金热期间为成千上万的个体企业提供资金，只为了在其中寻找到一两个能够成功开发出新技术的公司？即便是拥有庞大研究资源的公司，如 AT&T、IBM、微软和施乐，也无法负担投资每个新技术领域中数千个项目的成本。因此，在淘金热期间，策略性地收购具有潜力的软件公司成了更加明智的决策。

一些行业观察家认为微软花 1.3 亿美元收购 Vermeer（FrontPage 的原创者）非常荒谬。当时 Vermeer 的年收入只有大约 1 千万美元。然而，从企业淘金热的视角来看，花 1.3 亿美元购买一个千里挑一的创新公司，相比于投资数百个可能失败的内部项目，实际上是一种经济高效的选择。

向上扩展和向下扩展

后淘金热时代的软件工程实践在大型项目中已经证明了其价值（更多细节请参阅第 13 章和第 14 章）。这些实践也为规模较小的项目提供了参考。拉里·康斯坦丁描述过澳大利亚计算机协会举办的一个软件挑战赛，其中三人一组的团队需要在 6 小时内开发出一个有 200 个功能的应用程序。这个挑战相当于用传统的第三代编程语言编写约 20 000 行代码，或使用可视化编程语言编写约 5 000 行代码。

安永会计师事务所（Ernst and Young）的一个团队决定采用一种简化的正规开发方法论，这种方法强调按阶段进行活动和提交成果，包括进行详细的需求分析和设计。与此同时，他们的许多竞争对手选择直接开始编码工作。比赛初期，安永的团队似乎处于落后状态。

然而到了中午，他们已经显示出了领先的迹象。令人遗憾的是，临近结束时，安永的团队因为不慎删除一些关键的工作文件而输掉了。他们整个下午的工作全丢了，比赛结束时提交的功能比中午展示的还要少。

如果没有这次因配置管理混乱导致的失误，安永的团队能否取胜？答案是肯定的。几个月后，他们再次参加了一个快速开发的竞赛，这一次他们采用了版本控制和备份机制，最终赢得了比赛。[3]他们的成功源于对先前方法的坚持，同时识别并改善了过程中的漏洞。

软件工程研究院的研究显示，系统化的流程改进在小型软件组织中是有价值的。[4]无论对于不足 50 人的小团队还是大型软件组织，流程改进都能够取得同样的积极效果。并且，小型组织面临的挑战，如组织内政治斗争等，通常比大型组织要少，因此更容易实施流程改进。

回到淘金热

淘金热时代的软件项目天生具有风险，使用碰巧成功的软件开发实践只会增添不必要的风险。从事淘金热项目的开发人员数十年如一日地使用着类似于锡盘和铲子的方法，这导致他们在不经意间丢失了许多见解、想法和创新，安永会计师事务所的团队由于缺乏源代码控制而丢失了部分进度就是一个例子。

系统化的软件工程方法对后淘金时代项目的成功至关重要，它们对于仍然处在淘金热阶段的项目同样有用。假设 VisiCalc、Lotus 1-2-3、MacOS、Mosaic Web 浏览器等革命性产品的设计师不慎删除了他们的工作文件，那将意味着什么？有多少未曾被人所知的创新产品因开发人员意外覆盖文件而湮灭？又有多少开发者因为各种小失误的累积而心力交瘁？

第 12 章　软件淘金热

在淘金热期间，即使是技术平平的人也有机会大赚一笔，但这种可能性极小。当淘金热过去，只有更加熟练、训练有素的人才能维持盈亏平衡。参与过淘金热项目的人常说，这是他们人生中极为激动人心的经历之一，但创业精神与高效的软件开发实践并不冲突。通过研究在淘金热后依然行之有效的策略，我们可以揭示哪些方法在淘金热中最为有效，从而提高成功获利的机会。

❧ 译者有话说 ❧

在本章中，作者以 19 世纪发生在美国加利福尼亚州的"淘金热"作为模板，讲述了软件淘金热发生的相似规律。

1. 新的重大技术的出现往往意味着"软件淘金热"的开始。

2. 软件淘金热的开发人员采用的做法通常是黑客手段而不是工程手段。

3. 在淘金热期间，即使你没有精良的工具和高超的技术也可能赚到一大笔钱，但这种可能性很小。

4. 后淘金热时代的软件开发特点是有条理，低风险，有大量的资本投入，产生了劳动密集型企业，项目更加重视软件工程方面的因素。

5. 后淘金热阶段，软件工程实践在大型项目中的价值也充分展现了出来。无论多大规模的软件项目，改进项目流程都能取得良好的效果。

第 13 章　优秀软件实践案例

> 当你可以度量自己所说的内容并能用数字表达出来时，你就能真正了解它；如果你不能度量它且不能用数字表达，则说明你在这方面的知识不足，对它的了解是模糊的。
>
> ——开尔文勋爵，1893

那些在后淘金时代对开发实践进行投资的公司发现，他们的投资获得了丰厚的回报。1994 年，詹姆斯·赫布斯勒布（James Herbsleb）的报告指出，有 13 个组织推行了系统化的改进计划，他们的平均"商业价值"（概念与投资回报率大致相同）约为 500%，其中最好的组织实现了 900%的回报率。[1]1995 年，尼尔·奥尔森（Neil Olsen）报告说，那些在人员配备、培训和工作环境方面进行了大量投资的组织也取得了类似的回报。[2] 1997 年，

扫码查看原文注释

瑞尼·范·索林根（Rini van Solingen）报告说，平均投资回报率
达到了 700%，最优秀的组织甚至实现了 1900%的惊人回报。
[3]2000 年，卡珀斯·琼斯（Capers Jones）报告说，流程改进的投资
回报率很容易达到两位数（即高于 1 000%）[4]。沃兹·汉弗莱
（Watts Humphrey）在最近的一项分析项目中发现，改进软件实践
的投资回报率可能达到 500%或更高。[5]

实际状况

　　大多数人可能认为软件组织有效性的分布是一个典型的钟形
曲线，如图 13-1 所示。其中存在一些表现不佳的组织和一些表现
出色的组织，而大多数组织则位于曲线的中部。

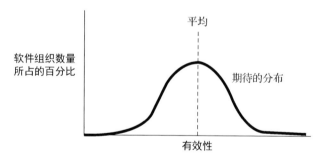

　　图 13-1　大多数人期望软件组织的有效性呈对称分布，
有效的和无效的软件组织在数量上不相上下

　　实际情况与人们的预期截然不同。正如第 1 章和第 2 章所讨
论的那样，由于有效的软件实践推行缓慢，只有极少数的组织能
够达到最高效的运作水平。长期的行业研究发现，在同一行业

中，表现最好的组织与表现最差的组织之间的效率相差可达十倍之多。[6]正如图 13-2 所示，大多数组织的效率更接近最低水平，而不是最高水平。

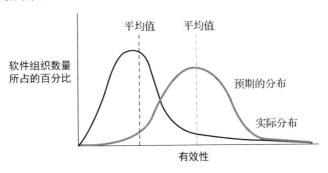

图 13-2　软件有效性的实际分布是不对称的。大多数组织的
表现更接近最差的实践，而不是最好的实践

这种分布的含义表明，大多数软件人员从来没有见过软件开发的最佳状态。这让人不禁疑惑这种最佳状态是否真的存在。即使是那些在软件行业工作了 20 年或 30 年的软件人员可能也从来没看见过软件开发的最佳状态。他们中的大多数人都在图 13-2 的左侧度过了整个职业生涯。但是，正如本章中的数据所显示的那样，优秀组织的表现确实远胜于平均水平的组织。

软件实践改进后的收益

软件工程学会对 13 个组织进行了深入研究，并发现那些致力于系统改进的典型组织（中位数）能够实现显著的效益：每年生产率提升 35%，计划时间缩短 19%，以及发布后缺陷报告减少

39%。这些收益共同促进了总投资回报率的显著提升。表 13-1 汇总了这些研究结果。

表 13-1　软件过程改进的结果 [8]

因素	中位改进	最佳可持续改进
生产力	每年 35%	每年 58%
时间表	每年 19%	每年 23%
发布后缺陷报告	每年 39%	每年 39%*
组织改进的商业价值	500%	880%

* 这里的"中位改进值"和"可持续改进值"是相同的,因为最高的缺陷减少只是短期的结果,所以没有计入"持续改进"的类别

　　最好的组织所取得的成果甚至更好。在 4 年时间里,生产率年增长最高的组织达到了 58%,其总复合收益超过了 500%。项目时间在 6 年间平均每年减少了 23%,总体复合时间减少了 91%。在长期质量改进方面,表现最佳的组织在过去九年里每年将发布后缺陷报告减少了 39%,总缺陷减少了 99%。还有两个组织在不到两年时间里将短期缺陷减少了 70%以上。

　　习惯于边做边改开发方式的软件组织往往认为他们必须在低缺陷率和高生产率之间做出抉择。但正如我在第 2 章中解释过的那样,边做边改的项目的大部分成本都来自计划外的缺陷纠正工作。表 13-1 中的结果表明,对于大多数组织来说,高生产率和高质量并不是不可兼得的。如果一个软件组织重视预防缺陷,它们还能实现更短的开发周期和更高的生产效率。

　　从百分比看,只有很少数公司系统地改进了软件实践。在原

始数据中，数百个组织进行了系统的改进，并且许多组织在专业期刊、会议论文和其他出版物上报告了他们的成果。表 13-2 汇总了 20 个组织所报告的投资和回报情况。

表 13-2　软件改进投资回报率实例[9]

软件组织	结　果
BDN International	投资回报率 300%
波音信息系统	估计在 20%以内，在 1 年里节省 550 万美元，投资回报率 775%
计算机科学公司	错误率降低 65%
通用动力决策系统	返工减少 70%，缺陷率减少 94%，生产率提高 2.9 倍
Harris ISD DPL	缺陷率降低 90%，生产率提高 2.5 倍
惠普 SESD	投资回报率 900%
休斯	每年减少 200 万美元的费用超支，投资回报率 500%
IBM 多伦多	交付后缺陷减少 90%，减少返工 80%
摩托罗拉 GED	提高了 2 到 3 倍的生产率，缩短 2 到 7 倍的周期时间，投资回报率 677%
飞利浦	投资回报率 750%
雷声	投资回报率 770%
斯伦贝谢	Beta 测试错误数量减少 4 倍
西门子	出品后缺陷数量减少 90%
特科迪亚	缺陷为行业平均的 1/10，客户满意度在 4 年的时间里，从 60%上升到 91%
德州仪器-系统集团	交付后缺陷数量减少 90%
汤姆森 CSF	投资回报率 360%
美国海军	投资回报率 410%

软件组织	结　果
美国空军奥格登航空物流中心	投资回报率 1 900%
美国空军俄克拉荷马市航空物流中心	投资回报率 635%
美国空军廷克空军基地	投资回报率 600%

不同方法的投资回报率

各个软件组织使用了不同的方法来实现软件开发的最大有效性。不过，其中有一些有效的方法被广泛使用。表 13-3 列出了一些方法的投资回报率。

表 13-3　选定软件方法的投资回报 [10]

方　　法	12 个月投资回报率 ROI	36 个月投资回报率 ROI
正式代码检查	250%	1 200%
正式设计检查	350%	1 000%
长期技术计划	100%	1 000%
成本和质量估算工具	250%	1 200%
生产效率度量	150%	600%
过程评估	150%	600%
管理培训	120%	550%
技术员工培训	90%	550%

了解软件估计

　　一个软件组织对项目估算的准确程度是衡量该组织管理和执行项目的最好指标。斯坦迪什集团（Standish Group）调查了超过 26 000 个商业系统项目，发现项目一般都会超出初始预算的 100%。[11] 该调查报告的估计误差程度与其他行业一致。[12]

　　他们也对美国空军的不同级别的软件实践进行过研究，得到了如图 13-3 所示的结果。

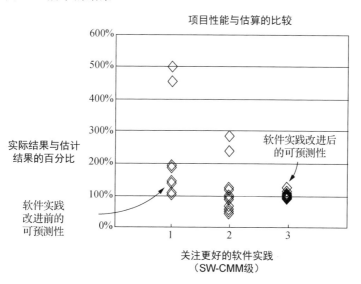

图 13-3　随着软件组织改进其软件实践，他们对项目的估算准确度有了较好的控制，间接表明软件实践是有效的 [13]

这一分析基于软件能力成熟度模型 SW-CMM（Capability Maturity Model for Software）标准，我将在第 14 章中进一步讨论。图中，低于 100%的数据点代表项目在预算范围内完成，而超过 100%的数据点则表示项目超出了它的预算。

如图 13-3 所示，处于初级阶段的组织（SW-CMM 1 级）经常超出预算，换句话说，他们经常低估项目成本。稍微成熟一些的组织（SW-CMM 2 级）在预算估计上的误差平均分布在高估和低估之间，但他们的估算误差通常仍然达到 100%或更多。而最成熟的组织（SW-CMM 3 级），虽然也会出现超支或低于预算的情况，但他们的估算精度有了很大的提高。

改进软件带来的间接效益

从已发表的研究来看，投资回报往往集中在运营节约上，比如降低编写每行代码的成本或交付每个功能的开发成本。这些节省的运营成本令人印象深刻，不过，改进软件实践所带来的大量间接回报能产生更大的商业利益。更好的软件实践能够加快进度和成本的可预测性、减少成本和进度的超支风险、提供对风险的早期预警，并支持更好的项目管理。

对于软件产品公司而言，将计划估算的精度从 100%左右提升到 10%上下的商业价值究竟有多大？如果能够在项目完成日期之前的 6 到 12 月对客户做出承诺，并且有信心履行这一承诺，这将带来怎样的商业优势？如果为提供客户定制软件的公司能够给出固定报价且有信心不会大幅超支，这对客户有多大的价值？对于零售组织来说，能够精确地过渡到新系统的价值是多少？如果客户相信了我们的承诺，能够按计划在 10 月 1 日完成系统切换并平稳地进入假日销售旺季，这将带来何等的价值？

与大多数行业文献关注的运营效益不同，改进软件实践的间接效益为创造额外的收益打开了一扇门。对于企业高层来说，这些间接收益可能比直接的成本节省更加具有吸引力。

最佳的规模经济

进一步分析估算方法的效果可以促使组织优化其流程。许多组织发现，随着项目的规模越来越大，各个团队成员的工作效率反而降低了。与其他行业的规模经济效应相反，软件项目的成本似乎会随着经营规模的扩大而上升。

使用系统化估算方法的软件组织可以用以下公式来估算软件项目的工作量：[14]

$$工作量 = 2.94 \times KSLOC^{1.10}$$

这里，工作量用人月表示，KSLOC 指的是预估的代码行数（以千行代码为单位），2.94 和 1.10 是基于该组织完成的项目数据进行调整得到的系数和指数。指数 1.10 特别重要，因为它说明了大型项目需要比小型项目投入更多努力。

美国宇航局的软件工程实验室（SEL）是一个杰出的例子。SEL 是第 1 个获得 IEEE 软件过程成就奖的组织，也是世界上最领先的软件开发组织之一。SEL 使用以下公式来估计其项目的工作量：[15]

$$工作量 = 1.27 \times KSLOC^{0.986}$$

0.986 的指数表示 SEL 的公式与其他软件组织的公式存在显著差异。所有其他已发布的估算模型使用的指数都大于 1.0。SEL 的指数小于 1.0 表明它在规模经济上实现了细微的改进，这暗示着成熟的软件组织可以通过流程改进有效地解决大型项目的挑战。在项目规模越来越大的同时，他们将能够小幅提高个人生产力指数，虽然实现起来很困难，但这的确是我在第 10 章中讨论过的专业化所带来的合乎逻辑的结果。

软件组织的挑战

很多软件组织尝试在项目级别实施软件实践的改进。当我利用流行的 Cocomo 2 估算模型来审查"工作量乘法器"的因素时，我惊讶地发现项目经理真正能控制的因素极为有限。Cocomo 2 有 22 个因素可以用来微调项目的基本工作量，但我认为其中只有三个因素可以由项目经理独立控制（即文档数量、架构与风险解决方案以及软件的重用）。许多因素是由公司的业务性质决定的（例如产品复杂性、所要求的可靠性、平台波动性、软件的创新程度等）。如果不对业务本身进行调整，这些因素很难被改变。而其余因素是无法由单个项目团队决定的，它们必须在软件组织的层面上解决，例如员工能力、多地点开发、人员稳定性、流程成熟度等。这些组织层次的因素对改进软件实践的影响似乎才是最大的。

迈出关键的一步

在典型的企业投资决策中，投资的必要性是通过权衡投资回报和资本成本来确定的。如果产生的回报大于成本（综合考虑到所有的因素后），那么这便是一项有价值的投资。[17] 这是对投资评估过程的简化描述，请参考相关文献以获取更完整的解释。

资本成本通常约为 10%。在许多商业环境下，人们认为能带来 15%或 20%回报率的投资具有较强吸引力。然而，改进软件实践所能带来的回报远远超过 15%或 20%。根据表 13-2 中的示例（以及本章开头提到的研究），改进软件实践可以提供的回报率从 300%到 1 900%不等，平均约为 500%。这样水平的投资回报极为罕见，几乎可以说是前所未有的。这种回报率甚至超过了 20 世纪 90 年代末互联网股票的涨幅，超过了大宗商品市场的成功交易，几乎相当于彩票中奖。对于任何尚未采用这些实践的商业机构来说，这都是一个极好的机遇。

这些异常高的回报率与第 1 章和第 2 章讨论的内容紧密相关，尽管改进的软件实践已经存在数十年，但大多数软件组织并未采用这些方法。采用这些实践的风险很低，软件组织需要做的仅仅是下定决心采取第一步，开始实施这些方法。

10 个棘手的问题

正如开尔文勋爵在 100 多年前所说的那样，如果没有量化数据支持，将很难做出决策。许多组织发现自己无法回答很多有关软件活动的基本问题，例如：

1. 软件开发的成本是多少？
2. 按照预期的时间和成本，项目已经完成了百分之多少？
3. 项目的平均进度和预算超支是多少？
4. 当前的哪些项目最有可能彻底失败？
5. 项目成本中，本可避免的返工活动占了多少比例？
6. 用户对软件产品的满意度有多高（以量化方式衡量）？
7. 员工的技能水平与行业平均水平相比结果如何？
8. 与类似的组织相比，组织的能力如何？
9. 生产率在过去 12 个月里提高了多少（量化衡量）？
10. 你计划如何提高员工的技术水平和组织的效率？

无法回答这些问题的软件组织几乎可以肯定会落在图 13-2 的左侧。很多组织甚至未曾提出这样的问题，仅仅是隐约感到应当这样做。考虑到优秀的软件商业案例是如此引人注目，第 11 个棘手的问题应该是"从现有的数据看，是什么原因导致我们无法使用更好的软件实践？"

❧ 译者有话说 ❧

作者在本章中列举了许多优秀的软件实践案例，给考虑改进软件开发的读者们增加信心。

1. 软件实践改进后的收益实例：从事系统改进的典型组织每年都提高了生产率，减少了计划时间，降低了发布后的缺陷数量，增加了总的复合收益。

2. 不同项目方法的投资回报率实例：典型的 8 种方法在 12 个月和 36 个月的统计中都有大幅度的增加。

3. 软件估算：一个软件组织对项目估算的准确程度是衡量该组织管理和执行项目的最好指标。

4. 改进软件带来的间接效益：减少了成本和进度的风险，增加了产品和服务的商业价值。

5. 取得最理想的规模经济。

6. 很多改进后的软件实践已经存在多年，采用这些方法的风险很低但回报很高，软件组织要下定决心尝试使用这些方法。

第 14 章　托勒密推理

所有模型都是错的，只不过有些模型有其可取之处。

——乔治·鲍克斯

知识就是力量。

——弗朗西斯·培根

　　几年前，我发表过一个演讲"两个项目的故事"。我提出，优秀软件组织之所以能够在复杂且高风险的项目中成功，是因为他们采纳了有效的软件开发实践。而糟糕的组织甚至在简单和低风险的项目中也可能遭遇失败，原因是他们采取了错误的做法。我的演讲一般很受欢迎，但也有人提出异议："这是一个典型的静态、线性、托勒密式的推理，忽略了真实软件项目的动态性和复杂性。"

扫码查看原文注释

大家注意，托勒密是生活在大约公元 100 年的天文学家，他相信太阳围绕着地球旋转。直到 1543 年，哥白尼的地心说取代了托勒密的理论。这位听众的意思是，我推荐的方法就如同托勒密的错误理论一样落后！

在哥白尼发现托勒密理论无法解释自己观察到的数据时，他提出了自己的理论。虽然前面那位听众提出了自己的意见，但真实世界的软件项目数据充分证实了我所描述的工程开发实践的有效性。

SW-CMM 概述

我所描述的实践大部分基于由软件工程研究院（SEI）所开发的软件能力成熟度模型（SW-CMM）。SW-CMM 最初在 1987 年提出，是目前最著名的和最有效的系统软件组织改进方法。它指明了实现第 13 章中所述卓越软件商业案例的路径。

SW-CMM 将软件组织分为 5 个级别[1]。

第 1 级：初级的状态。软件开发过程很混乱。项目往往超预算，并且进度落后于时间表。在软件组织中，只有个别程序员掌握全面的知识，当这样的程序员离开组织后，组织的知识储备也就消失了。项目的成功在很大程度上依赖于第 7 章所描述的编程高手的贡献。这些组织倾向于使用边做边改的开发方式。通常只有在积极寻求并采纳更有效的方法后，才能脱离此类状态。

第 2 级：可重复使用以往的经验。项目建立了基础的项目管理体系，确保项目团队遵守已设立的管理流程。项目的成功不再

单纯依赖个别成员。这个级别的组织优势在于能够重复利用过去
类似项目的经验。然而，面对新的工具、方法或技术冲击时，这
些组织可能开始走下坡路。

第 3 级：软件组织在整个组织内采用了统一的技术和管理流
程，并且各项目根据自身需求对这些标准流程进行调整。一个专
门小组负责管理软件流程活动。组织还会制定培训计划，确保管
理人员和技术人员具备适应此级别的工作的知识和技能。这些组
织已经远远超出了边做边改修复开发的范畴，他们能在预算范围
内按时交付软件。

第 4 级：有了全面的管理。项目成果具有很高的可预测性，
流程足够稳定，因此能够识别并解决各种问题。软件组织在此阶
段会收集项目数据，存储于组织的数据库中，以评估不同流程的
有效性。所有项目都遵循该组织的流程测量标准，以便对其生成
的数据进行有意义的分析和比较。

第 5 级：有了主动优化的机制。整个组织的重点是持续和主
动识别和推广流程的改进方法。软件组织会对流程做一些改变，
衡量改变后的效果，并将有益的更改转变为新的标准。该组织的
质量保证的重点是通过识别和消除根本原因来预防缺陷。

SW-CMM 的基本原理可以大致归纳为康威定律：计算机程序
的结构本质上反映了企业的组织机构。[2] 混乱的组织会创建出混乱
的软件。依赖于编程高手的组织往往会给高手们很大的自主权，
期望通过宽松的管理来创造编程奇迹，最终他们往往会得到技术
出众但不稳定的软件。臃肿、效率低下的流程会产生不成熟、粗

糟的软件。高效且经过优化的组织则能够创建出精细且令人满意的软件产品。

提高成熟度级别

软件行业在 SW-CMM 提供的指导下取得了明显的进步。如图 14-1 所示，在 1991 年对 132 个组织进行的一项评估中，只有约 20%的组织在表现上优于第 1 级。[3]

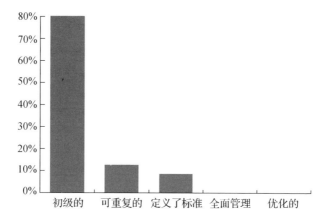

资料来源：软件社区 2002 年年终更新的流程成熟度概况

图 14-1 截至 1991 年，使用 SW-CMM 评估的软件组织的评估概况

如图 14-2 所示，在 2002 年对 1978 个组织进行的一项评估中，超过三分之二的组织在表现上优于第 1 级。

虽然这两个图表显示的趋势令人鼓舞，但他们评估的只是北美所有软件组织中的一小部分，我几乎可以肯定，整体来看，软件组织的现状更可能接近 SEI 在 1991 年的调查结果，而不是 2001 年的数据，意味着大约 75%的组织可能还停留在第 1 级的运作状态。[4]

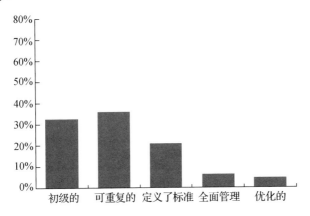

资料来源：软件社区 2002 年年终更新的流程成熟度概况

图 14-2　截至 2002 年的评估概况

一般组织可以保持这种水平吗？答案是肯定的。如图 14-3 所示，SEI 研究了 300 多个组织，它们试图将其 SW-CMM 的评级从 1 级提升到 2 级，或者从 2 级升至 3 级。[5] 75%的组织能在 3 年半或更短时间内从 1 级提升至 2 级，中位时间为 22 个月；而从 2 级提升至 3 级的 75%的组织，所需时间不超过 2 年半，中位时间仅为 21 个月。真正致力于 SW-CMM 改进的软件组织通常能实现显著快速的进步。

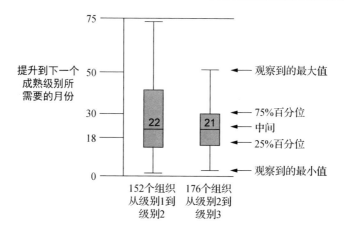

资料来源：软件社区 2002 年年终更新的流程成熟度概况

图 14-3　软件组织从 SW-CMM 的 1 个成熟度提升时间情况

可以处理的所有风险

前面提到的那位参加过我的研讨会并称我的理论为"托勒密式推理"的人认为，我忽略了真实项目的动态性。还有人说 SW-CMM 会让软件组织害怕风险，[6] 使这些软件组织变得官僚和保守，损害它们的竞争力。那么，行业该如何面对这些挑战呢？

在对第 1 级组织进行的一项调查中，不到一半的受访者表示他们的管理层愿意承担"中等"或"较大"的风险。而在第 3 级组织中，近 80% 的人表示他们愿意承担这种规模的风险。[7]

ATAMS 项目证明了过程有效性与风险承担能力之间的关系，[8]

ATAMS 项目团队承诺以五分之一的成本和估算时间的一半来完成项目。最后他们提前一个月在预算范围内交付了该软件。在发布后的 18 个月里，软件里仅发现了两个微不足道的缺陷。项目团队在这种高风险项目上的成功得益于严格管理需求、采用正规方法审查设计与代码以及实施前瞻性的风险管理。

软件组织改进风险影响的做法与一些人的想法恰恰相反。采用复杂流程的软件组织会通过主动评估风险来减少不必要的风险（弗雷德·布鲁克斯称之为"意外"而不是"必然"的风险），相比之下，简化流程的组织则面临着意外风险的威胁。前面的第 5 章详细讨论了布鲁克斯对本质性与附属性的区分。

哪些人在用 SW-CMM

自 1987 年以来，大约有 2 000 个组织进行了能力评估，并有超过 10 000 个项目的结果报告给了 SEI。参与 SW-CMM 改进的组织中有四分之三是商业软件公司或内部开发团队，覆盖金融、保险、房产、零售、建筑、运输、通信、公共事业、工业设备、电子产品、医疗设备等多个行业。约有四分之一的项目是为美国政府开发的软件，其中大约 5%涉及军事组织或政府部门。这些组织的规模不一，大约一半的软件团队规模不超过 100 人，四分之一的团队规模超过 200 人，另有四分之一的团队规模在 50 人以下。

完美兼顾软件开发

一个反对改进软件组织的常见理由是，它会助长官僚主义，限制创造力。这种看法让人联想到过去那种认为工程学与艺术水火不容的错误观念。这有可能创造一种环境——其中程序员的创造力和业务目标无法共存，就像建造一座丑陋的建筑物一样。但也可能创造另一种环境——其中软件开发人员的满意度和业务目标都能够完美兼顾。实际上，行业数据也证明了这一点。在接受过 SW-CMM 影响调查的人中，84%的人不同意或强烈反对改进措施使组织变得更加僵化或官僚主义的说法。

努力做出改进的软件组织发现，高效的过程促进了创新并增强了团队士气。在对大约 50 个组织进行的调查中，只有 20%的第 1 级组织的人将士气评为"好"或"优秀"。[9] 无论是管理人员、负责组织改进的开发人员和还是一般高级技术人员给出的答复都大体相同。在评级为 2 级的组织中，认为士气"好"或"优秀"的比例提升至 50%，而在第 3 级的组织中，这一比例进一步提升到了 60%。

对那些达到过程效能最高评级的组织进行的深入分析也证实了这些统计数据的有效性。奥格登航空物流中心是最早一批通过 SW-CMM 5 级评估的组织，对其进行的研究表明，软件工作人员对过去 8 年里进行的改进满怀热情。[10] 受访者确实表示 5 级流程限制了他们执行任务的方式，但这种约束被看作是一个不可避免的副作用，而非负面影响，因为 5 级流程让整体工作变得更加高效了。软件工作者觉得执行他们的工作比改进之前要容易得多。大部分人感到他们对项目的规划和控制有了更多的参与。每个受访者都认为 SW-CMM 计划具有积极的影响。

　　美国国家航空航天局约翰逊太空飞行中心是另一个被评为 5 级成熟度的组织。[11] 在这个现代化的工作环境中，你看不到随意丢弃的披萨盒以及可乐罐金字塔、攀岩墙、滑板场或任何非传统着装。这里的重点并不是做表面文章，而是打造完美的软件。这项工作虽然充满挑战，但并不会消耗掉员工的所有精力。该团队通常的工作时间是早上 8 点至下午 5 点，在男性占主导的航空航天行业，该软件组织的女性员工占一半。

　　离开这些高效能团队的员工有时会对其他组织的效率低下感到震惊。有人曾经为了寻求更富有创业精神的环境而离开约翰逊太空飞行中心的人，却在几个月后选择了回归。他所加入的公司口头上承诺将采取高效的软件开发方法，实际上却采用了边做边改的模式，远没有他先前所在的高成熟度环境来得高效。在这种低成熟度的环境中，达不到预期的生产力和质量是常态。前面描述的 ATAMS 项目使用了高度结构化的工作实践，尽管一些开发人员可能觉得这些实践缺乏自由度，但 ATAMS 团队成员表示，这套流程让每个人都能发挥出最好的水平，他们认为这些工作实践对于软件开发来说是不可或缺的。

认真的承诺

软件组织为实现这种成熟度标准所做的改进并非易事。詹姆斯·赫布斯勒布对曾经进行 SW-CMM 改进的软件组织进行了调查，其中 77%的受访者表示改进组织所花费的时间比预期的要长，68%的受访者表示需要的成本超过了预期 [12]。

成功实施 SW-CMM 改进的因素如下。

- 高层管理人员的承诺，这包括引领方向和提供资金，将长期改进视为优先事项，积极监督流程改进的进度。
- 建立软件工程过程组（SEPG），大型组织可能需要多个 SEPG 组。这些小组应由深谙组织改进目标、流程改进过程中的文化挑战以及他们作为内部咨询者角色的资深人员构成。
- 为中层管理人员和技术人员提供适当培训以及及建立与 SW-CMM 长期目标相符的绩效激励机制。

这是一个高度简化的列表，每个组织都会面临独特的挑战，这些挑战会影响到改进计划的执行。正如我在第 2 章中提到的那样，一些组织可能将实施 SW-CMM 看作是一种时尚，把 SW-CMM 当作万能的解决方案，但往往很难取得成功。

组织评级

SW-CMM 是一种成熟有效的组织改进模型。通过定义软件组织的 5 个成熟度，该模型同样可以用来对软件组织进行有效评

估。其他更成熟的行业也将组织评估用作维护高标准实践的手段
之一。例如，会计师事务所必须每三年接受一次同行评审。大学
认证的有效期最长为三年，需要在证书到期前进行续审，且部分
专业课程可能需要独立的认证。医院由健康认证联合委员会
（JCAHO）进行认证，最多可以获得 3 年的认证。

该委员会列出了医院寻求认证的几个原因：[13]

- 增强社区信心；
- 向公众提供评估报告；
- 提供对组织绩效的客观评估；
- 促进组织的质量改进工作；
- 帮助招聘专业人才；
- 提供员工教育资源；
- 可用于满足某些联邦医疗保险认证要求；
- 加快第三方支付流程；
- 满足州许可证的要求；
- 可能对降低责任保险费用产生积极影响；
- 对医疗合同管理的决策产生积极影响。

尽管医院认证是一个自愿过程，但由于上述列举的种种好
处，大部分医院都会积极维护自己的认证状态。

医院的认证流程和软件组织评估在本质上有许多共同点。SW-
CMM 评估提供了一份认证报告卡，潜在客户可以在评估软件合同
安排或购买软件产品时使用该卡。报告卡提供了客观的、公认的
比较标准，旨在鼓励软件组织提升其成熟度等级，从而推动组织

质量的持续改进。可以预见，保险公司很可能为达到更高成熟度等级的公司在错误和遗漏方面提供更有利的保险条款。

形式和本质

老话说得好：成功 = 计划 × 执行。

如果给计划和执行分别分配一个介于 0%到 100%的值，就会得到一个介于 0%到 100%之间的成功概率。而如果缺少了计划或执行中的任意一个，成功的可能将是 0%。

随着软件行业向更高层次的软件工程专业化迈进，我们应当汲取与 SW-CMM 相关的经验教训，无论是正面的还是负面的。

SW-CMM 的重要之处在于其本质，而不是形式。某些软件组织可能会为了达到 2 级或 3 级的目标而只在表面上遵循 SW-CMM，这可能会导致他们的计划不够成熟或实施不彻底。这样，他们既达不到期望的成熟度等级，也无法获得预期中的质量与生产力收益。这才是真正的托勒密推理，让本质围绕着形式转，而不是将本质放在软件这个太阳系的中心。

如果软件组织真正重视 SW-CMM 的改进准则，他们将会更加认真地规划项目，更有效地执行项目，从而获得质量和生产力的显著提升。当软件组织开始重视流程后，它能够提升生产力，减少软件缺陷，承受更大的风险，改善预算估算，提高员工士气，并在大型项目上表现得更好。达到高成熟度等级的软件组织拥有强大的操作流程和卓越的效率。很明显，那些过时的软件实践，例如边做边改的开发方法，才是真正的托勒密式推理。

译者有话说

本章的主题是介绍美国软件工程研究院（SEI）所开发的软件能力成熟度模型（SW-CMM）。SW-CMM 将软件组织分为 5 个级别：

- 第 1 级为初级的状态；
- 第 2 级可重复使用以往经验；
- 第 3 级定义了标准的技术和流程；
- 第 4 级有了全面的管理；
- 第 5 级具有主动优化的机制。

提高成熟度级别改变了软件组织的结构和专业程度，高效优化的软件组织能够创造出非常令人满意的软件产品。软件组织是否能够实现成熟度标准取决于 3 个因素：

1. 高层管理人员的承诺；
2. 建立软件工程工作组；
3. 为中层管理人员和技术人员提供适当培训。

当能力成熟度提升后，软件组织可以提高生产力，产生更少的软件缺陷，承担更多的风险，并在大型项目上表现更好。最重要的是，本章还强调了在推动 SW-CMM 评级的过程中追求本质比追求形式更关键。

第 15 章　量化人员因素

> 在提升软件生产力方面，人员属性和人际关系活动
> 是目前最具潜力的领域。
>
> ——巴瑞·鲍伊姆

在探讨最佳实践、流程改进模型以及其他复杂话题时，人们有时会忽视人员因素对软件效率的重要作用。

人员因素

软件工程的研究一再表明，软件开发人员在编程能力上存在显著差异。[①]这个主题的最早研究发现，在开发人员调试同一个问题时，他们花费的时间相差 20 倍以上。[1] 参与这项研究的程序员每

---

① 译注：相关内容还可以参见《工程效能十日谈》以及《幸福领导力》，均由清华大学出版社出版发行。扫码可了解详情。

幸福领导力　　工程效能十日谈

扫码查看原文注释

人至少拥有 7 年专业经验。

这一发现在后续的多个研究中得到了证实，表明编程能力之间至少存在 10 比 1 的差距，但我认为实际差距可能更大。汤姆·德马科和蒂莫西·李斯特组织过一场"编程战争游戏"，要求 166 个开发人员完成相同的任务。[2] 结果发现，即使在同一个小型项目中，开发人员的编程能力也呈现出大约 5 比 1 的差异。

在另一项类似的研究中，比尔·柯蒂斯（Bill Curtis）向 60 名专业程序员布置了一项他认为"简单"的调试任务。柯蒂斯观察到，能够完成任务的开发人员所用的时间差异高达几个数量级。

来自 Cocomo 2 的估算模型再次证明以上的观察结果，即编程人员之间能力差异极大。[4] Cocomo 2 模型使用许多因素来调整基本的工作量估算，利用 Cocomo 2 项目数据库的广泛统计分析，可以调整每个因素的影响，Cocomo 2 模型的 22 个因素中，有 7 个与人员有关。

依据 Cocomo 2 模型，项目团队在特定应用领域的经验可以导致项目成本和工作量最高增加 1.51 倍。用 Cocomo 的话来说，如果其他因素保持不变，经验最少的项目团队（在应用程序经验排行表中位列倒数 15%）相比最有经验的团队（位列前 10%）需要付出 1.51 倍的努力来完成同样的项目。此外，团队在技术平台的经验影响为 1.40 倍，对编程语言和工具的熟练度影响为 1.43 倍。

软件需求分析师的能力（这里指的是分析能力的强弱，而不是经验的多少）有 2.00 倍的影响。开发人员的技术能力有 1.76 倍的影响。交流能力（人员的地理位置和通讯支持，例如电子邮件、网络等）具有 1.53 倍的影响，而人员稳定性影响为 1.51 倍。

表 15-1 总结了这些因素。

表 15-1　Cocomo2 估算模型的人员影响

Cocomo 2　因素	Cocomo 2　名字缩写	影　响
应用程序经验	APEX	1.51
交流能力	SITE	1.53
编程语言和工具经验	LTEX	1.43
人员稳定性	PCON	1.51
平台经验	PLEX	1.40
编程开发能力	PCAP	1.76
分析能力	ACAP	2.00
合计		**24.6**

单单是以经验为导向的因素（应用经验、语言经验和平台经验）就造成了 3.02 倍的影响。以人为本的 7 种因素共同产生的影响更是惊人，倍数可高达 24.6！这个简单的事实解释了为什么一些流程较弱的组织也可以取得行业领先的生产力，比如微软公司、亚马逊公司和其他创新企业。

低效率开发人员

编程效率的极大差异表明一些开发人员的效率比其他开发人员高出很多，这意味着我们要找到合适的方法聘请并留住最优秀的开发人员，但这还不算完。在德马科和李斯特的研究中，参加编程挑战的 166 名开发人员中，有 13 个开发人员没能完成项目，这几乎占到了10%。同样，在柯蒂斯的研究中，参与"简单"调试任务的60名专业人士中，有6人未能完成任务，比例也是10%。

和这些不能完成任务的开发人员一起工作意味着什么？上述研究的结果统计中删除了那些没有完成任务的开发人员的数据。但是在一个实际的项目中，"删除结果"通常是不被允许的，所以无法完成进度的开发人员需要花费大量额外时间来完成任务，或者让其他人替他们分担工作。在实际项目中，开发人员之间 10比 1 的编程能力差异可能会演变成为生产力与反生产力之间的冲突。最终，其他人将不得不重新编写那些低效率开发人员的程序。换句话说，让编程能力极低的开发人员参与项目，实际上是在阻碍整个项目的进展。

低效率并不是唯一的问题。那些编程能力较低的人员可能会被分配到超出其能力范围的任务，他们可能缺乏技术能力或不愿意遵守项目的编程规范和设计标准。他们很少会主动修复自身代码中的大多数或全部缺陷，以致于他们的代码影响到了他人的工作。他们无法准确估计工作量和时间，因为他们对完成任务没有信心。这些个体对项目不但没有实质性的贡献，反而增加了团队其他成员的负担，因而完全可以将这些开发人员归为"负能量开发人员"。研究数据表明大约 10%的专业开发人员会属于这个类别。因此，如果随机选择出 7 名开发人员组建一个团队，该团队有50%的概率会包含至少一位负能量开发人员。

具体工作环境

德马科和李斯特的战争游戏比赛中还发现，编程能力排在前 25%的开发人员通常拥有更大、更安静、更私密的工作空间，相较于其他 75%的开发人员来说，他们遭受的人员与电话干扰较少。在物理空间上的差异不算很大，位于前 25%位的开发人员平均享有 78 平方英尺的专用空间，而后 25%的开发人员仅拥有 46 平方英尺的空间。

开发人员的生产力差异更加明显。排在前 25%的开发人员的生产力比后 25%的开发人员高 2.6 倍。用 Cocomo 2 的话来说，办公室环境的影响在高生产力编程人员（前 25%）和低生产力人员（后 25%）之间相差 2.6 倍。

工作动机

动机通常被认为是对人表现影响最大的因素。大多数生产力研究都表明，动机对生产力的影响比任何其他因素都强。[5]

尽管人们对微软的看法各不相同，但有一点是公认的：微软公司成功地激励了它的开发人员。很多传闻说微软的员工每天工作 12 小时、14 小时甚至 18 小时，一些员工甚至在办公室里一住就是几个星期。我知道的是，一名开发人员为了更好地适应自己的工作空间，特别订了一张折叠床。微软被当地居民戏称为"温柔的血汗工厂"，意思是微软会尽其所能满足员工的各种需求，以此来提高员工的士气和动力。

微软采取了简单的办法，明确关注员工的士气，最大程度地激发员工的动力。微软的每个组都有一笔员工士气预算，可用于购买团队想要的任何东西。有些团队会购买电影院口味的爆米花，有些团体会去滑雪、打保龄球或学习烹饪，有些团队会制作 T恤衫，还有些团队会在电影院包场，放映团队成员喜欢的影片。

微软还提供了许多非货币奖励。我在微软工作的那一年，收到过 3 件团队 T 恤衫、1 件团队橄榄球衬衫、一条团队沙滩巾和一个团队鼠标垫等。我还参加了团队组织的火车之旅，在当地的"晚餐火车"上享用美味的晚餐，还在高档餐厅享用过一次晚餐。如果我是正式员工，我还会收到更多衬衫、微软手表、项目参与纪念牌以及大型的亚克力"产品发布"奖杯。这些东西的实际价值只有几百美元，但在员工心目中是无价之宝。

微软对开发人员的个人生活同样给予了重视。在我工作期间，我旁边办公室一位开发人员 10 岁的女儿每天放学后都会来他办公室，安静地在那里做作业，公司内部对此完全没有异议。

除了为员工士气提供明确的支持外，公司也很重视其他保持士气高涨的因素。比如为员工提供一些其他公司不敢尝试的机会。我见过一些员工被邀请参与公司战略讨论，包括方法论、编程准则、产品规范的决策、时间管理和管理透明度等话题。不说别的，单凭公司愿意为增加员工士气做任何事这一点，都能让员工充满动力。

资深员工的价值

Cocomo 对员工的资历相当重视，与此一致，许多先进的软件组织已经认识到了资深员工的重要性。多年前，一位微软开发总监对我说，经验丰富的资深人员是成功的关键因素。他以微软的 Excel 产品为例，指出该产品成功的一个重要因素是，每当一个版本发布后，都至少有两名资深开发人员继续留在项目中。

在一项关于英国软件失控项目的研究中，项目经理认为"缺少资深员工"是项目陷入困境的主要原因之一，大约 40%的项目在时间或预算上的超支程度相当严重。[6]

即使是那些专注于软件过程的组织也认识到了人为因素的重要作用。美国国家航空航天局的软件工程实验室是首个获得 IEEE 计算机协会颁发的软件过程成就奖的机构。在他们推荐的软件开发方法的最新修订版中，9 个关键建议之一就是"由资深员工组成的小组来启动项目。"[7]

重要的关注点

优秀的软件组织注重技术专长、员工稳定性、商业领域的经验、私人办公室、激励士气和其他以人为本的因素。软件行业需要有效的软件专业化方法，它有助于识别表现出众的开发人员，淘汰效率低下的员工，同时提升中等水平员工的技能，拉近他们与高水平员工的距离。

✌ 译者有话说 ✌

本章的主题是软件人力资源的定量分析。在讨论最佳实践、流程改进模型和其他更复杂的主题时，重视人员因素在软件有效性方面所起到的软作用。作者不只是定性分析了影响软件人员编程能力和工作状态的主要因素，而且还推荐了软件估算模型工具Cocomo，它有 7 个变量可以量化分析人员因素的影响：应用程序经验、交流能力、编程语言/工具经验、人员稳定性、平台经验、编程开发能力和分析能力。

其他需要关注的因素还有具体工作环境、员工动机、员工资历。软件行业需要软件专业化的有效方法，以便识别表现最好的开发员工，末位淘汰低效率的员工，提高中间层员工的能力，使其接近最佳水平。

第 16 章　Construx 专业发展体系[①]

　　公司如何为软件专业人员的发展提供支持？正如我在第 6 章中讨论的那样，软件行业正在逐渐形成支持软件专业人员职业发展的趋势，但这一进程还处于起步阶段。目前，仅有少数大学提供本科软件工程教育，而且毕业生数量远远不能满足行业需求。尽管这一状况正在快速改善，但预计还需要数年时间，大学毕业生的数量才能真正满足软件行业的需求。

　　在私营领域，对有效职业成长的支持也相对缺失。大部分软件工作者未经历过结构化的职业成长路径，只是简单地从一个项目转移到另一个项目，缺乏针对性地提升自己技能的计划。很少

扫码查看原文注释

[①] 本章改编自 Construx Software 公司的白皮书 Construx's Professional Development Program"，© 2002 Construx Software Builders, Inc。

有科技公司尝试为他们的软件人员提供职业发展的支持。整个软件行业在建立专业化培养途径上不如其他行业，举例来说，医生能够从医疗实践中获得培训，律师从法律实践中获得培训，会计师从会计实践中获得培训。

由于我长期以来对软件行业的浓厚兴趣，几年前，我开始为 Construx Software 公司的软件工程师制定明确的职业发展路径，提供专业成长的支持。我们为软件工程师的职业发展设定了以下具体目标：

- 技能提升——专业发展计划的主要目是提高员工的技能；
- 职业发展——提供一个清晰的、结构化的成长路径，确保 Construx 软件工程师在职期间的技能和能力得到持续提升；
- 支持常见的软件工作职称——我们的发展计划旨在支持包括软件开发人员、测试人员、业务分析师、项目经理、架构师在内的各类软件相关职位；
- 一致性——为了便于管理，专业发展计划需要提供一个统一的框架，用于评估员工绩效和支持技术人员的晋升，无论他们的具体技术领域是什么；
- 推广人力资源体系——在 Construx 内部实施专业发展计划后，我们希望能把该计划推广到其他公司，帮助他们支持软件专业人员的职业成长。

Construx 知识领域

我们的专业发展计划的核心是专业人士发展阶梯（Professional Development Ladder），它基于 SWEBoK（软件工程知识体系）中定义的知识领域。我们将这些知识领域称为 Construx 知识领域（Construx Knowledge Areas，CKA），CKA 定义了技术人员应该了解和应用的知识体系。如第 5 章所述，一共有 10 个知识领域：

- 软件需求；
- 软件设计；
- 软件构建；
- 软件测试；
- 软件维护；
- 软件配置管理；
- 软件质量；
- 软件工程管理；
- 软件工程工具和方法；
- 软件工程过程。

尽管 SWEBoK 对这些知识领域提供了详细的定义，但我们认为有必要进一步明确每个领域的具体内容，以适应我们的实际应用需求。具体解释如表 16-1 所示。

表 16-1　Construx 知识领域的描述（CKA）

CKA	描　述
需求	对将要实现的软件功能进行发现，分析，建模和建立文档
设计	是建立在需求和构建之间的桥梁，设计从许多抽象层面和许多视角定义系统的结构和动态状况
构建	是根据指定的设计创建软件的过程，其主要活动是使用所选择的语言、技术和环境，编写代码和配置数据，以便实现功能
测试	是执行软件，检测缺陷，评估功能等活动
维护	是与系统安装、部署、迁移相关的活动
配置管理	定义将如何组织和存储项目工件的规则，如何控制和管理这些工件的变化，以及如何将系统发布给客户
质量	在静态工件上执行的关键操作以确信软件工件已经符合或者将要符合技术要求
工程管理	管理各个方面，包括从业务和人员的管理问题到项目的管理问题
工程工具和方法	软件工程所使用的工具、技术、方法和技能
过程	是测量和改进软件开发质量、及时性、效率、生产力以及其他项目和产品特性的活动

能力水平

　　CKA 提供了组织软件工程知识的简捷方式，但是它不足以确定软件工程师的能力水平。因此，我们在每个 CKA 中明确划分四个能力级别：入门级、胜任级、领导级和大师级。这些级别旨在引

导工程师在各知识领域中提升他们的知识和实践经验。每个 CKA
都概述了达成每个能力级别必须要完成的活动，例如阅读资料、
参加课程和工作实践。表 16-2 总结了每个能力级别的内容。

表 16-2　能力水平总结

能力水平	总　　结
入门级	一般来说，该员工在指导下在某个领域从事基本工作，他正在采取有效的步骤增长自己的知识和技能
胜任级	该员工胜任工作要求，在一个领域独立地工作，作为入门级员工的榜样，偶尔指导入门级员工
领导级	该员工在一个领域内工作优秀，经常指导员工，在项目层面或者在公司范围发挥领导作用。在 Construx 公司，该员工被认为这个知识领域的主要资源
大师级	该员工在某个领域做出标杆式的工作，并且具有跨多个项目的丰富经验。他通常教授研讨会或课程，发表过书面文章或书籍，扩展过知识体系。他在行业中有较强的影响力，并被外界公认为这个领域的专家

我们发现，人的能力是其经验和知识的综合体现。没有实践
经验的支撑，就很难真正精通一个学科；同样，如果不掌握最新
的知识，也难以获得深入的经验。因此，当员工的经验水平和知
识水平两者之间存在差异时，员工的整体能力通常更接近这两者
中较低的一方。图 16-1 阐释了这个概念。

		经验			
		入门级	胜任级	领导级	大师级
知识	入门级	入门级	胜任级	胜任级	—
	胜任级	胜任级	胜任级	胜任级	—
	领导级	胜任级	胜任级	领导级	大师级
	大师级	—	—	大师级	大师级

图 16-1　根据知识级别和经验级别确定的综合能力

专业发展阶梯等级

通过结合知识领域与能力级别，我们能够构建一个职业发展阶梯。这个阶梯明确了职业进步和晋升的路径。攀登这个阶梯要求工程师不仅增加他们的知识广度（掌握更广泛的知识领域），还要加深他们在特定领域内的专业深度（提高特定知识领域的能力），也就是同时提升知识和经验。

由于历史原因，我们的职业阶梯等级定为 9 到 15 级。通常，大学毕业生起步于第 9 级，而具有实践经验的工程师可能从第 10 级或第 11 级开始。第 12 级代表在 Construx 中达到资深专业水平。许多 Construx 工程师选择停留在第 12 级，因为达到第 13 至 15 级需要通过对 Construx 以及整个软件工程领域做出突出贡献。

表 16-3 展示了每个梯级的特征，并概述了晋升到每个梯级的具体要求。

表 16-3　专业发展梯级要求

梯　级	描　　述	涉及的 CKA
9	9 级工程师开始学习软件工程的原理，通常刚从学校毕业，在工作时需要有人密切监督	无
10	10 级工程师有一些软件工程背景，他最近离开了学校或者有 2 年的工作经验。他有能力在有限指导下进行工作	所有 CKA 的入门级 3 个 CKA 的胜任级
11	11 级工程师在软件工程方面具有相当强的背景，必要时可以独立工作。他已经从事和完成过 1 个或多个项目，在发布软件产品的所有开发步骤上都有经验	所有 CKA 的入门级 6 个 CKA 的胜任级 1 个 CKA 的领导级
12	12 级工程师参与过小型和大型项目，一直是"赢家"，对这些项目的成功做出了至关重要的贡献。有清楚的记录表明，他总能提出明确的技术判断，经常考虑到项目层面的问题。12 级工程师具有创新性和一致性，超额完成指定的任务。他通常为他人提供技术指导或技术监督	所有 CKA 的入门级 8 个 CKA 的胜任级 3 个 CKA 的领导级
13	13 级工程师是项目冠军，他充分考虑项目的内部和外部方面，确保这些方面得到正确的处理并且一直具有正确的判断力。他全部负责他的项目的所有方面，做出了许多独特的贡献。这位工程师的决定对 Construx 公司的盈利和整体顺利运作产生了重大影响	所有 CKA 的入门级 8 个 CKA 的胜任级 5 个 CKA 的领导级 1 个 CKA 的大师级

梯　级	描　述	涉及的 CKA
14	对于公司的其他人来说，14 级工程师是主要的技术资源。他总是能够解决非常困难的技术挑战，做出有关 Construx 目标和结构的关键决策。14 级工程师熟悉在 Construx 内部和外部的许多软件工程师，他为推进软件工程的艺术和科学，做出过一个或多个具体的贡献。他的能力范围超出了公司层面的问题，涉及行业层面的问题。在这个级别工作的人需要对软件工程领域做出整个职业生涯的努力，包括承担在 Construx 以外的重要工作	有意未定义
15	15 级工程师对 Construx 的成功来说是不可或缺的。他一直致力于设计和生产开创性的世界级产品。Construx 内外工作的软件工程师们将他视为软件工程领域的领导者。他在定义公司实践方面负有主要责任。他经常以多种多样的方式为这个行业做出贡献。在这个级别工作的人需要对软件工程领域的职业生涯做出承诺，包括在 Construx 工作日以外的重要工作，需要一定程度的行业认可，这些都超越了他直接控制的领域	有意未定义

职业发展阶梯

为了阐明 Construx 的职业发展阶梯如何助力职业成长，让我们通过一个案例来看一个技术工程师如何从 10 级提升至 12 级。

该工程师需要达到领导级的领域是工程工具方法、设计和构建。

图 16-2 显示了工程师达到 10 级需要满足的条件。框中说明了获得各个级别应该具备的 CKA 知识。

CKA

	配置管理	构建	设计	工程管理	流程	维护	质量	要求	测试	工程工具和方法
入门级	■	■	■	■	■	■	■	■	■	■
胜任级		■							■	■
领导级										

图 16-2　是专业发展阶梯要求达到 10 级的示例

如图 16-3 所示，为了晋升到 11 级，工程师必须在深度上达到构建领域的领导级，并在宽度上达到其他几个 CKA 领域的胜任级。

CKA

	配置管理	构建	设计	工程管理	流程	维护	质量	要求	测试	工程工具和方法
入门级	■	■	■	■	■	■	■	■	■	■
胜任级		■	■				■		■	■
领导级		■								

图 16-3　职业发展阶梯要求达到 11 级

如图 16-4 所示，要晋升为 12 级，工程师需要达到设计、工程工具和方法的领导级，并达到 2 个额外 CKA 领域的胜任级。

	配置管理	构建	设计	工程管理	流程	维护	质量	要求	测试	工程工具和方法
入门级	■	■	■	■	■	■	■	■	■	■
胜任级		■	■	■	■	■			■	■
领导级			■	■						■

图 16-4　职业发展阶梯要求达到 12 级

专业发展阶梯支持各种职业路线，让技术人员可以自由选择他们想要深入的知识领域。这提供了专业发展的灵活性和结构性，因为每个人在选择自己的特定职业道路时都会受到能力水平或者 CKA 知识要求的限制。在图 16-2 到图 16-4 的示例中，开发人员专注于提升工程工具与方法、设计和构建方面的能力。对于倾向于管理角色的工程师，他们可能会集中于提高工程管理、流程和需求方面的能力。质量导向的工程师则可能专注于提升质量、流程和测试方面的技能。Construx 的专业发展阶梯不区分工程师的具体方向，而是提供了一种定义职业发展的统一方法。

不同能力水平的 CKA 要求

能力分为四个级别，但由于大师级的定义没有公布，所以我们一般采用一个由 10 个 CKA 知识领域与 3 个基本能力级别构成的 10×3 矩阵，总共 30 个独立的能力领域。该矩阵中的每个能力领域都有一组具体的活动要求，包括阅读、参加课程和积累工作经验。只有完成这些指定活动，才算达到了对应能力域的标准。整个专业发展阶梯涉及的具体要求接近 1 000 项。

工程管理 CKA 是一个很好的例子，它详细规定了达到入门级、胜任级和领导级需要满足的条件。表 16-4 展示了获得工程管理入门级资格所需的阅读材料和工作经验。

表 16-4　工程管理入门级别要求

活动类型	要　求
阅读	必须解读下列材料[1]： • *They Write the Right Stuff*[2]（作者 Charles Fishman） • *Software Project Survival Guide*[3]（作者 Steve McConnell，最新中译本《软件项目的艺术》） • *Software Engineering Code of Ethics and Professionalism*[4]，（出自 ACM/IEEE-CS） 必须以检查的方式阅读下列材料： • *201 Principles of Software Development*[5]（作者：Alan Davis） • *Software Engineering*, Part 1 + Chapters 22 & 23[6]（作者 Ian Sommerville） • *Software Engineering: A Practitioner's Approach*[7], 第 4 章，（作者 Roger Pressman）

续表

活动类型	要　求
工作经验	• 审阅项目计划 • 学习估算技术 • 计划和跟踪人员活动
听课	无
认证	无
工业参与	无

如表 16-5 所示，获得工程管理领域的胜任级资格需要付出更多的努力。

表 16-5　工程管理胜任级别要求的例子

活动类型	要　求
阅读	必须以分析方式阅读以下材料： • *No Silver Bullets—Essence and Accidents of Software Engineering* [8]（作者 Fred Brooks） • *Programmer Performance and the Effects of the Workplace* [9]，（作者 DeMarco and Lister） • *Manager's Handbook for Software Development* [10]（出自 NASAGoddard Space Flight Center） • *Rapid Development* [11]（作者 Steve McConnell，最新中译本《快速开发》） 必须以检查的方式阅读以下材料： • *Software's Chronic Crisis* [12]（作者 Wayt Gibbs） • *Recommended Approach to Software Development* [13]（出自 NASA Goddard Space Flight Center）

续表

活动类型	要　求
工作经验	• 作为审核人参加审查项目管理工件 • 参与创建项目章程 • 参与创建项目计划 • 参与创建项目估算；熟练掌握自下而上的估算技巧；领导估算活动 • 熟练掌握个人状态报告技术；创建每周状态报告 • 熟练掌握工作计划（包括分解结构、估算和挣值管理）
听课	• *Software Project Survival Guide*《软件项目的艺术》（2 天） • *Rapid Development*《快速开发》（2 天） • *Software Estimation*《软件估算》（2 天）
认证	无
工业参与	无

在 CKA 中，从胜任级晋升至领导级的要求与从入门级到胜任级的晋升不同，它不是预先设定的。它的详细要求需要员工、他们的导师和经理共同制定。在领导级别，除了阅读、参加课程和积累工作经验外，还可能要求员工获得行业内公认的认证、教授行业课程、发表会议演讲等活动。

表 16-6 详细说明了完成这个转变所需要的活动种类和工作量。

表 16-6　工程管理领导级别要求的例子

活动类型	要　求
阅读	领导级的阅读要求是特殊定制的。要与导师一起决定重点的领域和选择具体的书籍和文章，并在专业发展计划中做记录。阅读目标大约为 1 000 页才能从一个 CKA 领域的胜任级升为领导级

活动类型	要　求
工作经验	· 领导重大项目的计划、估算和跟踪活动，创建包含商业案例的项目章程，为大型和小型项目制定项目计划，为重大项目制定工作计划，精通产品周期的选择、定制和计划，精通正规的风险管理技术，精通正式的问题管理技巧，领导重大项目的问题管理，精通历史数据收集技术 · 精通组内估算技术（例如宽带德尔菲法），类比估计技术和参数估计技术，在项目成立时创建自上而下的项目估算 · 为重要项目创建业务时间表（或里程碑），为里程碑创建详细的时间表，精通关键路径和关键链调度技术（甘特图和 PERT），精通项目状态报告技术 · 参与工程管理的咨询/辅导工作
听课	· 有效的软件项目管理（3 天） · 风险管理（2 天） · 项目外包（2 天）
认证	· 获得 IEEE 计算机学会认证的软件开发专业证书 [14] · 获得 PMI 的项目管理专业认证
行业活动参与	在领导级别，要求员工在 Construx 内部并且可能对广泛的行业有重大的影响。该级别要参加以下行业活动： · 在该领域创建晚间、周末或者大学课程，教晚间、周末或者大学课程 · 主讲 Construx 研讨会或大学课程 · 参加行业委员会、小组讨论会、小组或标准委员会等 · 出席会议 · 在主要或同行评审的出版物中发表文章 · 在二级期刊中发表文章 · 审阅书籍手稿 · 审阅 IEEE 软件或类似出版物的文章 · 积极指导和辅导其他领导领域的 Construx 员工

专业发展阶梯的经验教训

Construx 的专业发展阶梯 1.0 版在 1998 年首次在公司内部推出，并在不久后向公众发布。随后，我们进一步发展和完善了这一体系，于 2002 年初在公司内部推出了 2.0 版本。在此期间，我们积累了一系列关于如何有效部署和维护专业发展阶梯的宝贵经验。

1. 强调组织架构和公司文化

为了成功支持软件组织的专业发展，专业发展阶梯必须扎根于组织的文化之中。我们意识到，为了确保得到员工的认同并从阶梯中获得预期效果，需要实施一系列的支持策略。

采用 Construx 特定的执行措施并不是成功部署专业发展阶梯的必要条件，重要的是确定能适应特定组织结构和文化的措施。

Construx 的特定结构和文化措施包括以下计划。

- 专业发展计划：专业发展计划（Professional Development Plans，简称 PDP）提供一种机制来计划，跟踪和记录员工在阶梯上的进步。每个专业发展计划（PDP）都概述了员工的短期和长期的目标，并描述了当前和下一个审核周期之间会发生的具体活动（阅读、课程、工作经历以及其他职业活动）。

  PDP 的目标几乎总包括在 1 到 5 年内晋升到下一个级别。该计划概述了工程师在此期间为了晋升需要完成哪些工作。如果距计划的晋升时间超过 1 年，计划将不会详尽地说明工作内容，但会勾勒出总体方向。当晋升目标预期在一年之内时，会向工程师及其经理和导师提供每月详细的任务清单。PDP 为整个 Construx 设定统一和客观的晋升标准。

- 指导计划：导师将为工程师提供指导和支持，以帮助他们在职业发展阶梯上稳步前进。Construx 的所有技术人员都会与各自的导师一起设计和讨论他们的 PDP 计划。这种指导模式允许根据每位员工的个性化需求量身定制专业发展计划，确保计划相关且实用。为了确保知识要求得到满足，员工和导师每年至少进行 6 至 8 次的会面。当距离员工的晋升只有不到六个月时，会面的频率会增加。

  经理和导师的积极参与是确保 PDP 的顺利实施和完成的关键。为此，员工的 PDP 需要得到部门副总管和导师的认可和签字。此外，所有的指导会议都将被记录下来，以监控员工对计划的执行情况，并在必要时调整预期的晋升时间。

  指导计划的一个主要目的是培养出能够在职业生涯中保持专注并具有自驱力的专业工程师。我们期待达到 12 级或以上级别的工程师能够主导自己的职业发展，除非他们主动寻求指导，或对更高级别的晋升有明确需求，否则通常不会配备导师。

- 专业发展纪念板：Construx 公司会庆祝员工在其职业发展过程中达到的重要里程碑，例如晋升、获取专业资格认证、首次承担项目领导角色、进行首次授课、发表首篇论文，以及其他显著的成就。每个技术员工有 1 个专业发展纪念板，上面贴着纪念重大成就的奖牌。这些专业发展板不仅提供了一种方法来纪念重要的里程碑，还反映了 Construx 对持续职业发展的高度重视。

- 培训计划：Construx 的目标是，除了软件开发工作的在职培训外，还要让每个员工每年都参加 10 到 12 天的专门培训。对初级员工而言，这种集中培训主要包括参加课程和会议。而对于级别达到 12 或更高的工程师，培训内容可能包括准备会议演讲、参与行业标准制定委员会、组织专业研讨小组及参加其他专业成长活动。

- 薪酬结构：我们认识到，为了支持专业发展目标，组织的传统奖励系统需要进行调整，否则项目目标将取代发展目标。通过将员工晋升、加薪及绩效评估与职业发展阶梯挂钩，我们为在软件组织内部确立一个稳固的职业成长框架提供了坚实的基础。

  阶梯上的每个级别只有一个工资标准。员工当前的级别及对应的工资水平在 Construx 内部是公开透明的。这为员工提供了明确的激励去追求更高的级别，因为他们知道每一次晋级能提高多少薪资。

- 软件工程讨论组：软件工程讨论组（SEDG）提供了一个用于获取和分享软件工程知识的论坛。有人主持这些讨论组的论坛，围绕专业发展阶梯的标准进行讨论和辩论。9 级、10 级和 11 级的工程师各有自己的讨论组，并且我们鼓励 12 级工程师加入这些小组，与初级工程师分享他们的经验和见解。

- 12 级的授予：Construx 的 12 级具有完全的专业地位，它代表了 Construx 的软件工程师在职业生涯中取得了重大成就。为了表彰这一成就，Construx 会为晋级的工程师提供等同于 11 级到 12 级之间年薪差额的奖金，举办专门的庆祝活动，并在公司内部及地方报纸上公开表彰，同时在公司大堂展示他们的肖像，以此表达我们对专业成长的高度重视。

2. 吸引经验丰富的工程师进入阶梯

我们需要招募在其他公司获得经验的新员工。许多求职人员都有丰富的行业经验，但没有满足专业发展阶梯的其他要求。如果用 10 级或 11 级的工资雇这些员工，我们在人才市场上的竞争力会比较低。实际上，我们很难吸引高级工程师加入我们的团队。关键问题在于，如何在不牺牲阶梯制度完整性的同时引入 12 级的新人才，而且还不能贬抑在 Construx 稳步提升职业阶梯的现有员工的成就和贡献。

为了支持这些目标，我们创建了"过渡级别 12"。过渡时期的 12 级工程师被聘为准 12 级工程师，他们有一年或更短的时间来补全专业发展阶梯中缺失的部分，这通常涉及广泛的学习和阅读。在此期间，新员工每个月都会与导师会面，讨论他们已经完成的工作并解决任何遇到的问题。一旦补全了所有缺失的部分，这些员工就会转为正式的 12 级工程师。

专业发展阶梯的优势

过去年，我们通过实施 PDL 的第一版和第二版取得了诸多成效。

- **加速专业发展**：我们不仅实现了提升技术员工技能的主要目标，而且员工的发展速度远超预期。我们在招聘技术岗位时经常发现，那些在 Construx 工作了 2 到 3 年的工程师的水平相当于许多其他公司的最高级工程师。

- **团队能力**：通过对 CKA 进行标准化，我们的员工建立了知识和经验的分享平台。这不仅提升了团队成员间的沟通效率，还支持了高效的专业领导力的发展。

- **晋升标准广受好评**：我们观察到，技术团队对公司晋升机制的透明度给予了高度评价。他们认为这使他们能够把握自己的职业方向，感受到了真正意义上的职业生涯，而不只是一份工作。

- **招聘**：我们通过基于 CKA 的内部评估机制直接衡量技术候选人的能力，这一方法使我们能够评估每个候选人在各个 CKA 的能力。我们注意到，在评估候选人时，团队成员间的意见高度一致。

- **淘汰**：我们的晋升机制要求员工具有一定的个人责任感，但我们注意到一些候选人并不喜欢这种要求。在招聘过程中阐明我们的专业发展期望，使我们能够淘汰哪些没有认真对待软件工程职业的候选人。

- 技能管理：10×3 的 CKA 矩阵给了我们一个自然的结构化的方式，用以跟踪软件工程师的技能水平。
- 士气和留任：虽然职业发展阶梯只是多个因素中的一个，但我们相信，它在促进公司高留存率和提升员工士气方面起着关键作用。截止撰写本书时，Construx 已连续三年荣获《华盛顿首席执行官》杂志颁发的最佳小而美雇主奖项，而且在此期间，我们未有任何技术人员主动离职。

推广 Construx 专业发展阶梯

Construx 已经在公司内部实施了一个专业发展阶梯，以系统而灵活的方式支持员工的职业成长。通过定义和开发众多 CKA 的能力，我们确保了员工的技能既有深度又有广度，与我们采用的软件开发工程方法相契合。借助这一灵活的阶梯体系，技术人员能够根据自己的兴趣选择职业发展路径。

由于我们把"推动商业软件工程的艺术和科学"作为企业的使命，Construx 的能力要求比大多数公司更高。我们的许多资深软件工程师承担着咨询、教学和项目领导的职责，这意味着相较于其他公司，我们有更多员工希望达到领导级别。

我们发现，基于 SWEBoK 知识领域构建专业发展阶梯为我们带来了显著优势。将 CKA 考虑成矩阵意味着专业发展阶梯可以轻松地根据其他软件组织的需求来添加或删除功能级别、知识领域和特定的阶梯要求。通过 10×3 的结构和明确的职业路径（例如项目经理、业务分析师、开发人员和测试人员），不希望把内部运作的阶梯透露给员工的组织可以在专业发展的基础上定义组织的内部结构和指导。

尽管在不同组织实施时，阶梯的具体内容可能会有所变化，但其基本结构和关键理念适用于所有软件组织。无论在何种情况下，这一阶梯结构都确保了高度的完整性。

❧ 译者有话说 ❧

本章是全书的重头戏，作者花了大量篇幅详细介绍自己所创建的 Construx 职业发展体系。该体系的目的是提升员工技能，扩大职业发展，支持常见的软件工作职称，建立一致性的人力资源管理，利于推广人力资源体系。作者定义了以下概念。

1. Construx 知识领域：软件需求、设计、构建、测试、维护、配置管理、质量、工程管理、工程工具和方法、工程过程等。

2. 能力水平级别：入门级、胜任级、领导级和大师级。

3. 综合能力：根据所掌握的知识领域和具有的能力水平来确定员工的综合能力和经验（用二维矩阵表达）。

4. 专业发展阶梯级别：共分为 9、10～15 级，每个级别除了综合能力标准之外还有具体其他的要求，包括专业阅读、工作经验、听课、认证和参与行业活动。

5. 强调组织架构和公司文化：专业发展计划、指导计划、专业发展纪念板、培训计划、薪酬结构和软件工程讨论组等。当时许多公司，包括微软，都采用过这套专业人员发展体系多年。

第IV部分　行业专业化

第 17 章　专业工程

> 工程能以多种多样的方式创造令人满意的生活，特别是通过实际的服务来满足人类的需求并提升生活品质。
>
> ——范内瓦·布什

在人们看来，工程师和程序员一样刻板，所以认为他们无聊又沉闷，但这些无聊又沉闷的工程师正是当今世界一些伟大创新的幕后英雄。他们把人送上了月球，使用哈勃太空望远镜探索宇宙，开发现代喷气式飞机穿越蓝天，实现横跨大陆的无缝汽车旅行，连接全球互联网，还能让人们在家中享受影院般高质量的观看体验，所有这些技术奇迹都是工程方面所取得的成就，也是对科学原理的实际应用。

扫码查看原文注释

我们需要工程

从历史的角度来看，工程学最初是为了应对公共安全的威胁而发展起来的。虽然我们现在认为桥梁理所当然是安全的，但在19世纪60年代，美国每年大约有超过25起桥梁倒塌事件。[1]桥梁的倒塌和由此造成的人员伤亡推动桥梁设计和施工方法更加严谨。加拿大有一个关于工程学的民间传说，讲的是1907年魁北克一座桥梁的崩塌导致加拿大所有工程学分支都设立了更高的标准，如今的铁戒指仪式就是这段历史的象征（我会在第19章更详细地介绍这一仪式）。[2]1937年，得克萨斯州一所小学的锅炉爆炸导致了超过300名儿童死亡，促使得克萨斯州强制推行了工程师许可证制度。[3]值得一提的是，那次灾难的祸根——锅炉组件，如今已经被计算机软件取代了。

工程学与医学、法律、会计等其他专业领域最大的不同在于服务对象和服务方式。医生、牙医、会计师和律师往往针对特定个人或公司提供专业服务。工程师则主要致力于设计产品和系统，而不是为个人提供服务。他们的工作往往要对社会负责而不是对某些特定的人负责。从这个角度看，软件开发者更接近于工程师，而不是其他类型的专业人士。

尽管软件领域还没有出现过与魁北克城市大桥坍塌或得克萨斯州小学锅炉爆炸等级别相当的严重事故，但仍然存在着潜在的危险。浏览过有关计算机及相关系统风险的讨论的读者都知道，软件错误已经引起了从小失误到致命错误不等的多起事件，造成了数百万美元的经济损失。1992 年 2 月 29 日，下村勉（Tsutomu Shimomura）将他的车停在圣地亚哥机场的停车场，当他 6 天后返回时，由于停车软件未能将 2 月 29 日识别为有效日期，他的停车费累计达到 3 771 美元。[5] 1990 年 1 月，一个计算机故障导致大约 500 万电话用户遭遇长达 9 小时的服务中断。航天飞机的首次发射因一处微小的编程错误而延迟了两天。由于解码制导公式的软件错误，探索金星的水手 1 号太空探测器在宇宙中迷失方向。在伦敦，一个救护车调度系统在尚未准备好投入使用时就被强行启用，结果系统完全崩溃，造成最长 11 小时的延误，并间接导致多达 20 人死亡。1988 年，由于美国军舰上 Aegis 系统存在设计缺陷，导致伊朗航空 655 航班被误击，290 人因此而丧生。这起悲剧最初被认为是操作员的错误，但后续分析认为，Aegis 系统的用户界面设计不佳是根本原因。

工程与艺术

有人批评工程学仅仅依赖于数学和科学，缺乏艺术性。软件工程也收到了类似的批判。但这种批评是否真实准确？工程学真的忽视了美学因素吗？

实际上，工程学与设计的方方面面息息相关，包括美学。它设计不仅限于形状和颜色。工程设计远不止形状和颜色那么简单。工程师负责设计从电子电路到月球车辆的承重梁等各种部件和结构。塞缪尔·弗洛曼（Samuel C. Florman）在其著作《工程的乐趣》中指出："创意设计是专业工程师的核心使命。"

让我们比较以下两个著名的建筑，法国的兰斯大教堂和澳大利亚的悉尼歌剧院。兰斯大教堂，如图 17-1 所示，大约在 1290 年建成。悉尼歌剧院在 1973 年建成，如图 17-2 所示。兰斯大教堂的设计采用了当时较为常见的建筑材料和工程技术。

图 17-1　法国兰斯大教堂，利用当时尚未充分开发的
工程技术创造艺术作品的优秀案例

悉尼歌剧院建于兰斯大教堂落成之后的 700 年。正如在图 17-2 中所看到的，悉尼歌剧院与兰斯大教堂风格迥异，采用了钢铁和强化混凝土等现代材料，运用了包括计算机建模在内的先进工程技术，目的是在保证结构安全的同时尽可能节约材料。

图 17-2　澳大利亚悉尼歌剧院，艺术依赖于工程

喜欢哪个建筑取决于个人品味，而能够将哪个建筑实际建造出来，则是一个工程问题。现代建筑商或许能建造另一个兰斯大教堂，但 13 世纪的建筑师不可能建造悉尼歌剧院。悉尼歌剧院无法在 13 世纪建成的原因不是缺乏艺术审美，而是缺乏工程知识。我们都见过丑陋的建筑物，在其设计和建造过程中，工程和经济方面的考量显然优先于美学，甚至可能根本未将美学纳入考量。缺乏艺术感的工程可能是丑陋的，但缺乏工程的艺术根本不可能实现。工程学并不会限制艺术的可能性，反而是缺乏工程学注定会限制艺术的可能性。

这个观点同样适用于现代软件系统的开发。工程技术的水平直接影响到软件系统的构建质量，包括系统的易用性、运行效率、容错能力以及与其他系统的兼容性。软件涵盖了丰富的美学元素，并且开发者并不缺乏创造力。有时候，软件行业真正需要的是更高水平的工程技术，以实现我们对美学的追求。

工程学科的成熟过程

过去，一系列的灾难性事件促使工程领域向更加专业化的方向发展。当然，工程学科的成熟不是一蹴而就的。卡内基梅隆大学的玛丽·肖（Mary Shaw）定义了这些领域在发展到专业工程水平之前会经历的变化过程，如图 17-3 所示。

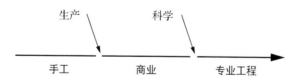

资料来源：Prospects for an Engineering Discipline of Software[8]

图 17-3 从手工到专业工程的学科发展

在人工阶段，优秀的作品往往出自天赋异禀的业余爱好者之手。工匠们依赖自己的直觉和手艺打造出了数量有限的作品，比如桥梁、电气设备或者计算机程序等作品。他们可能会出售某些产品，但大多数产品都会留给自己使用。这一时期的工匠很少考虑批量生产和销售。工匠们通常倾向于使用现有的材料。这一阶段的发展比较缓慢，因为缺乏一套系统的方法来指导新工匠高效地掌握技术。

土木工程在罗马时代（公元 1 世纪，建造渡槽和桥梁）就进入了工艺发展阶段，就像计算机在 20 世纪 50 年代到 60 年代的早期发展一样。如今，许多软件项目依然在工艺水平上运作，过度依赖现有的资源（即工作人员的时间）。

随着时间的推移，对部件的需求超出了工匠的生产能力，于是对大规模生产的需求就出现了。随着手艺通过口口相传逐渐被传播开来，人们开始根据从实践中积累的经验撰写指导文献了。

到了商业阶段，生产所需的资源被更为精确地界定。这一阶段的特点是对经济效益的强调，成本控制变得尤为重要。生产线上的工人接受专业培训，确保他们制作的产品达到质量标准。企业通过调整生产流程的不同参数来探寻让系统有效运作的条件。

兰斯大教堂的建设时期正值土木工程的商业化阶段。在软件领域，许多处于商业化阶段的组织通过挑选并培训技术熟练的员工，显著提升了质量和生产效率。他们依赖于经过验证的方法，并逐步进行优化，目的是不断提高产品质量和项目绩效。

商业生产中遇到的一些问题不能通过反复试验来解决，如果经济利益足够高，相应的科学领域将会得到发展。随着这些科学领域的成熟，它们会孕育出有助于商业实践的理论体系，标志着该领域达到专业工程阶段。在这一阶段，科学原理的应用和实验共同促进了专业工程的进步。在这一领域内工作的人员需要接受关于专业理论和实践的良好教育。

软件开发的科学

软件科学的进展一直都落后于商业软件开发的步伐。在 20 世纪 50 和 60 年代，人们开发了如 Sage 导弹防御系统、Sabre 航空预订系统和 IBM 的 OS/360 操作系统等大型软件系统。这些系统的商业开发速度远远超过了科学研究的进度，实际应用领先于科学研究的现象在工程学中很常见。就在科学家刚刚"证明"了比空气重的机器不可能飞翔时，能使飞机升空的机翼设计就问世了。[9]热力学是在蒸汽机被发明后才发展起来的。当约翰·罗布林（John Roebling）在 19 世纪 60 年代设计布鲁克林大桥时，钢缆强度上的理论知识尚不完善，但他依然设计出了安全边际高达 6 比 1 的桥梁结构，这是一种在缺乏理论支撑的情况下做出的工程判断。

与支持土木工程的物理学相比，支持软件开发的科学尚未得到充分的定义，甚至不被视为"自然科学"。赫伯特·西蒙（Herbert Simon，中文名司马贺）称之为"人工科学"，这是计算机科学、数学、心理学、社会学和管理科学等多个知识领域的综合体。尽管一些软件组织会将这些领域的理论应用到自己的项目中，但如果要将这些人工科学广泛应用到软件项目实践中，我们还有很长的路要走。

但是，我们真的需要依靠软件科学来找出正确的解决方案吗？对于许多类别的应用程序，比如库存管理系统、薪资软件、总账管理程序、操作系统架构、数据库管理系统以及编程语言的编译器等，我们都编写过相同的基本应用程序很多次了，它们实际上不像看起来那样需要许多独特的设计。玛丽·肖指出，在成熟的工程领域里，常规的设计活动其实就是解决熟悉的问题并大量地复用以往的解决方案。这些解决方案可以有不同的形式，比如方程、分析模型或预先构建的组件。尽管偶尔会出现一些独特的设计创新，但工程的核心理念依旧是将经过验证的设计方法应用于那些我们已经非常熟悉的问题上。

　　软件世界仍在收集各种可供普通开发人员使用的"解决方案"。很多软件项目的组件都可以重复使用，而且很多项目都致力于提高这些可重用组件——即源代码——的质量和生产效率。以下是一些可重用组件的示例：[11]

- 架构本身和软件设计规程；
- 设计模式；
- 需求本身和需求工程规程；
- 用户界面元素和用户界面设计规程；
- 估算本身和估算过程；
- 规划数据、项目规划和规划过程；
- 测试计划，测试用例，测试数据和测试程序；
- 技术审查规程；
- 源代码、构造规程和集成规程；
- 软件配置管理规程；
- 项目结束后的报告和项目审查规程；
- 组织结构，团队结构和管理规程。

目前市面上几乎没有可供普通软件组织随时使用的项目工件包。

科学还没有为软件开发提供一套公式来指导如何成功运行项目或者如何创建成功的软件产品。也许这样的公式永远都不会出现。然而，科学不一定非得由公式和数学构成。在《科学革命的结构》[12] 一书中，托马斯·库恩（Thomas Kuhn）指出，科学范式可以是一系列已解决的问题的集合。对于软件项目来说，可重用的工件就是这样一组已解决的问题，这些问题涵盖了需求、设计、规划、管理等多个方面。

软件工程的责任

亚瑟·克拉克（Arthur Clarke）说："任何足够先进的技术都无异于魔法。"软件技术已经发展到令公众感到不可思议的地步。大众对软件产品可能带来的安全风险或软件项目可能导致的财务风险缺乏足够的了解。作为掌握这种强大魔法的"巫师"，软件开发人员有责任谨慎且明智地使用他们的魔力。

工程领域的设计和施工方法有着良好的记录和口碑，它不仅消除了严重的公共安全风险，还要展现了人类文明的崇高成就。不论是追求安全性、美学价值还是经济效益，把软件视为一门工程学科都是把软件开发提升到真正的专业层次的关键。

❧ 译者有话说 ❧

本章的主题是专业软件工程以及该行业的特征。专业工程的成就和科学原理的实际应用给人类带来了技术奇迹和巨大变化。

然而软件中的缺陷也造成了重大的损失（包括人身伤亡）和负面的社会影响，所以需要专业软件工程来规定和管理软件开发。

　　软件工程学与产品设计的很多方面相关，甚至美学，没有艺术的工程可能是丑陋的，但没有工程的艺术是不可能存在的。软件开发被认为是计算机科学、数学、心理学、社会学和管理科学的综合知识领域。独特的设计创新技术不时会出现，但是工程的基本思路还是将常规设计方法应用于熟悉的问题。科学还没有为软件开发提供一套公式，描述如何成功运行项目或者描述如何生产出成功的软件产品。公众并不了解软件产品带来的安全风险、投资风险以及如何监管，所以软件开发人员必须谨慎使用手中的魔法。

第 18 章 软件工程历练

> 天然的能力犹如天然的植物，需要通过学习来精心修剪。学习向我们展示了众多可能的方向，但唯有实践，才能让我们确定正确的道路。
>
> ——弗朗西斯·培根

我之前提到，大多数软件开发人员都是在工作过程中获得职业教育的。虽然经验是优秀的老师，但通过它学习往往是一个缓慢且成本高昂的过程。

经验丰富的软件开发人员普遍感到遗憾的是，大学教育并没有让学生掌握工作中需要用到的技能。关于软件开发人员受教育和培训的人口数据统计似乎也证实了这一点。在第 4 章中，我已经表达了对这方面的关注，提到北美大学提供的教育更倾向于计算机科学而不是软件工程。我之前没有深入阐明这两者之间的区

扫码查看原文注释

别，而这正是本章将要探讨的主题。

　　软件行业对大学培养出来的学生质量的满意程度越来越低了。卡珀斯·琼斯指出，自 20 世纪 80 年代中期以来，美国大型企业聘请的软件工程主题讲师的数量已经超过了所有大学中软件工程科教授的总和。[1] 这些公司提供了一系列比大学课程更为全面的软件工程课程。

　　波音公司对美国 200 多所大学提供的计算机科学课程进行过研究，[2] 他们想要确定哪些学校的课程能够培养出满足波音公司要求的优秀毕业生。这项研究发现，只有约一半的课程获得了计算机科学认证委员会（CSAB）的学术认证，而在这些获得认证的课程中，仅有大约一半真正培养出了满足波音公司要求的毕业生。一些课程虽然看似注重实践，但所教授的实际上并非软件工程的实用技能，而是在计算机科学下的技能，其重点仍旧放在了计算机科学上。

　　然而，波音公司在招聘工程职位时，只考虑那些从得到工程和技术认证委员会（ABET）认证的学校毕业的申请者，不接受来自未经认证学校的毕业生的申请。这表明，计算机科学专业的课程和认证标准可能不符合软件行业的需求，因而导致许多课程计划的价值受到质疑。相比之下，工程专业的课程价值与认证相符，因此波音公司这样的企业可以直接从经过认证的学校招募毕业生，而不需要再做额外的筛选。

　　计算机科学的教育与行业需求之间的脱节是一个长期存在的问题，这也解释了为什么从 1985 年到 1997 年间，选择计算机科学专业的大学生数量呈现出了下降和停滞的趋势。如图 18-1 所示，计算机科学专业的本科生人数从 1985 年的年均约 42 000 人下降到了 1990 年的 24 000 人，这种下降趋势一直持续到 1997 年。

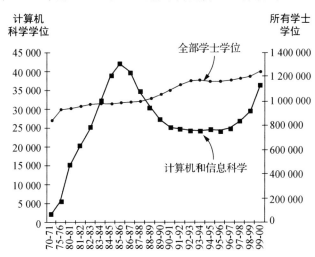

资料来源：国家教育统计中心[4]

图 18-1　最近一些年，被授予的计算机科学学士学位的数量各年不一样

　　然而，在 1998 年到 2000 年间，我们观察到计算机科学专业学生人数的明显增加。这种波动值得深入分析。

　　过去，人们普遍认为计算机科学的学习太过枯燥是导致学生人数下降的原因。[3] 我个人不认为计算机科学枯燥，也不觉得这一解释具有说服力。事实上，计算机科学学位持有者数量下降的真正原因是一个公开的秘密：计算机科学教育越来越难以满足就业市场的实际需求。学生们意识到，即使没有计算机科学学位，他们也能找到工作；同时，雇主也不是总会无条件地接受所有计算机科学专业的毕业生。显然，传统的教育模式已不符合当下的需求，迫切需要进行改革和更新。

在 1998 年至 2000 年期间，发生了两个重要变化。首先，互联网的兴起引发了本科生的极大兴趣，软件行业的新一轮淘金热潮随之而来，吸引了更多学生准备投身此领域。其次，随着互联网经济在 90 年代末的崛起，相关的行业需求开始影响大学课程设置。经历了几年招生人数的下滑后，大学重新推出了与就业市场密切相关的计算机科学课程。

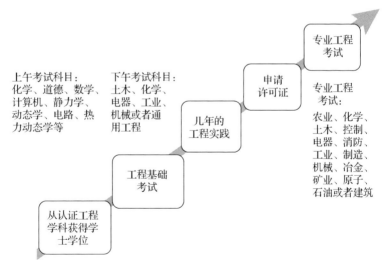

图 18-2 职业发展路线包括教育、培训和实践

专业工程师的发展

正如本书一直强调的那样,工程学为软件开发职业提供了一个很好的模板,也提供了工程师应当遵循的专业发展路径。

专业工程师需要对理论和实践都有深入的了解。如图 18-2 所示,专业工程师的职业旅程始于获得经过认证的工程学院颁发的学士学位。然后工程师要参加工程基础考试,这一考试有时被称为工程师培训考试。成功通过考试后,这位工程师将在一位有经验的专业工程师的监督下积累几年的工作经验。在实习期结束时,他们需要在自己的专业领域通过专业级的工程考试,如土木工程、电气工程或化学工程等。通过这些步骤后,他们将得到由所在地的官方机构颁发的专业工程师执照,正式成为一名专业工程师。

在软件工程教育中,若想取得理论与实践之间的平衡,需要对教育和培训有恰当的区分。教育旨在逐步培养学生的综合素质,使他们能够有效地应对各种智力挑战,它强调的是培养广泛的知识体系和关键思维能力。相比之下,培训专注于提供立即可用并且可重用的特定技能和知识。简而言之,教育是战略层面的,而培训则是战术层面的。

培训目前是软件开发人员最常见的职业发展形式。它通常是基于短期需求,向开发者提供他们在特定项目中必须掌握的特定技术知识。大部分情况下,培训不会提供软件工程原理的长期标准化教育。有些人认为,软件开发过于专业化和碎片化,因此不适合标准化的教育。主题繁杂适合标准化培训，但不适合标准化教育。

第一步

软件工程的研究生课程已经有了 20 年的历史，但本科课程仍处于起步阶段，尤其是在北美。西雅图大学在 1982 年颁发了世界上第一个软件工程硕士学位。英国谢菲尔德大学的计算机科学系于 1988 年建立了软件工程本科学位课程。美国的罗切斯特理工学院（R.I.T.）建立了第一个软件工程本科专业，并于 1996 年招收了第一批新生，在 2001 年迎来了首届毕业生。

目前，美国大约有 25 个大学提供软件工程硕士项目，加拿大、英国、澳大利亚和其他国家也开办了几个软件工程的硕士项目。[6] 截至 2003 年夏季，美国和加拿大大约有 24 所大学提供软件工程的本科学位课程，英国至少 13 所大学提供本科课程，澳大利亚至少有 6 所。

罗切斯特理工学院（R.I.T.）及其他一些大学与 IEEE 计算机学会、ACM 以及工程认证委员会（ABET/EAC）等机构合作，致力于在美国开发认证的软件工程项目。图 18-3 展示了 R.I.T.的软件工程计划中的课程要求示例：

R.I.T. 的课程包含一些计算机科学系的课程（例如计算机科学 1、2、3、4）以及一些计算机科学课程中不包含的专业课程——如软件子系统工程、软件需求与规范、软件工程项目 1 和 2 以及人因工程等。此外，课程还要求学生完成 4 个季度的合作教育以及

团队合作实践，换句话说，学生在获得学位之前必须获得重要的
行业实践经验。这种对实践经验的要求是工程学科的标准特征。
虽然计算机科学课程可能也强调行业经验，但这可能会占用学生
投入到理论知识学习上的时间和精力

R.I.T.的软件工程课程

第1年
新生研讨会（1）*
计算机科学I，II，III（12）
（计算基础）
微积分I，II，III（12）
大学化学I（4）
大学物理I，II和实验室（10）
文科（12）

第2年
软件子系统工程（4）
计算机科学IV（4）（数据结构）
专业交流（4）
软件工程概论（4）
汇编语言编程（4）
数字系统概论（4）
微分方程（4）
离散数学I，II（8）
大学物理III和实验（5）
文科（8）

第3年，第4年，第5年
软件构架原理（4）
规范与设计的形式化方法（4）
软件要求和规格（4）
软件工程项目I，II（8）
科学应用程序设计（4）
编程语言概念（4）
计算机组织（4）
人因（4）
概率和统计（4）
应用领域选修课**（12）
选修（4）
文科（18）
软件设计选修课（8）
软件过程选修课（8）
软件工程选修（4）
合作教育（需要4个学期）

*在括号中显示的是学校季度制小时

＊＊每个学生必须在软件工程相关的应用领域顺序完成3门课程。当前
可选领域有电气工程、工业工程、机械工程、通信与网络、嵌入式系
统和商业应用

图 18-3　R.I.T.本科软件工程课程有计算机科学、通信、文科和软件工程课程的学分

R.I.T.课程计划的一个有趣之处是它的学制长度为 5 年。在 20 世纪中期，工程专业的本科学位大多需要 5 年来完成。然而，随着时间的推移，由于各种外部压力，许多大学将课程长度缩短到了 4 年。在 4 年内完成软件工程本科学位的教学可能并不现实，尤其是考虑到 R.I.T.计划还要求学生花费 1 年的时间获得行业实践经验。5 年的学制可能会成为软件工程本科教育的常态。

学术认证

为了保持高标准的软件工程教育，需要对大学课程进行认证。认证可以确保从这些课程计划毕业的学生能够掌握该领域的基本知识，确保他们能使用专业术语并掌握良好的工作方式。在美国，工程课程由 ABET/EAC 进行认证，认证工作一般在第 1 批学生毕业之后才能进行。在第 1 个课程计划取得了认证后，许多其他大学纷纷设立了软件工程本科课程。

计算机科学与计算机工程学之间的一个区别是对教师的认证要求。在美国，计算机科学课程的认证标准要求教师为计算机科学做出学术贡献，但不需要有行业的经验。[8] 与之相反，ABET / EAC 在美国认证工程项目的标准中明确声明，在计算机工程学的教师评估中应该考虑"学术以外的工程经验"，以及是否具有专业工程师资格。加拿大工程认证委员会（CEAB）采用了类似的标准。在专业教育中，许多合格的教师也是实践中的专业人士，比如当过医生的医学教授，拥有丰富法律行业经验的法学教授等。

工程认证标准和计算机科学认证标准之间存在差异并不意味着只有其中一种方法是正确的，而是意味着它们的目标完全不同。科学课程的目的是培养学生为科学研究做准备，而工程课程是为了让学生做好进入工程行业的准备。因为软件行业普遍期望毕业生能够立即融入工作环境，所以软件工程的本科学位课程更受学生和雇主的欢迎。

软件工程教育的差异

对于软件工程课程应该更加重视工程还是软件这个问题，仍然存在很多分歧。

例如，像罗切斯特理工学院（R.I.T.）这样的学校认为，软件工程学士课程应教授学生应用传统工程的思维和方法来开发软件，但这并不意味着软件工程师需要熟悉传统工程学科。这种学生将学习数学、计算机科学、管理学以及专注于软件的特定学科的教育，但不一定涵盖与传统工程直接相关的全部课程。

另一种观点认为，软件工程师应该是一位经过专门软件开发培训的传统工程师。加拿大麦克马斯特大学的戴维·帕纳斯认为，为了获得完整的专业资格并受到其他工程师的尊重，专业软件工程师需要具备与其他工程领域工程师相同的教育背景。对于核电站、航空电子软件、制造控制和其他工程领域的软件工程师来说，掌握工程基础知识不仅是有益的，更是必须的。采纳这种教育模式的学生会学习到化学、工程数学、材料学、热力学和热传导等工程专业的核心课程，同时会选修传统计算机科学学位的一部分课程。

表 18-1 总结了麦克马斯特大学和 R.I.T.的课程安排。[10]

表 18-1　两种软件工程的课程要求

	R.I.T.	麦克马斯特大学
数学与科学 化学、微积分、矩阵、复数微分方程、离散数学、概率和统计	✓	✓
入门工程 工程材料的结构和性能、物理系统的动态和控制、热力学和热传导、力学和波、电磁场	---	✓
计算机科学 编程入门、数字系统原理、计算机结构、逻辑设计、数据结构和算法、机器语言编程、程序语言概念、优化方法、图模型、搜索和修剪技术	✓	✓
软件开发 软件架构和设计、需求规范、专业交流技巧、并行和实时软件设计、设计并行和分布式系统、科学与工程计算方法、用户界面设计	✓	✓
管理软件开发 软件流程和产品指标	✓	---
管理信息系统（MIS） 信息系统设计原理	✓	---

R.I.T.和麦克马斯特大学在课表上的差异凸显了软件工程教育

理念之间的明显区别。麦克马斯特大学的课程计划将软件工程师视为开发软件的工程师。R.I.T.课程计划将软件工程师视为使用工程方法创建软件的程序员。

　　麦克马斯特大学的课程将培养出能通过所有工程基础知识考试的软件工程师。在美国和加拿大，成为一名专业工程师必须要通过这些基础知识考试，之后才能获得美国或加拿大的专业工程师执照。与之相反，R.I.T.的课程不侧重于工程基础知识的学习，也不专门为工程基础知识考试做准备。

　　这两种课程计划各有价值。软件行业通常需要利用软件工程的知识来构建成本效益高的商业系统。对于一些关键系统——比如核电站和航空软件——也强烈要求采用软件工程的方法。有些人认为真正的软件工程只有一种，但我认为这两种课程计划都可以归于"软件工程"之下，毕业生都可以被称为"软件工程师"。

　　这些不同的方法确实对应着不同的工程专业方向，也对应着不同的许可证和认证。我们将在第 19 章中进一步探讨这些主题。

继续教育

　　在专业人员完成基础教育并积累了一定的实践经验后，他们可能会获得专业许可证。大多数职业都要求继续教育，每个职业的具体要求因地区而异。例如，在华盛顿州，注册会计师在续签证书之前的两年内必须完成 80 个继续教育（CPE）学分。[11]律师每年必须获得 15 个法律继续教育（CLE）的学分。新墨西哥州的内科医生每三年需要 150 小时的继续教育学分。尽管华盛顿州的工程师没有持续教育的明确要求，但其他一些州对工程师有这类要求。[12]

继续教育有助于专业人员持续学习专业领域的最新知识，这在知识更新速度快的领域尤为重要，例如医学和软件工程等领域。如果专业人士完成初始教育后就停止学习，随着时间的推移，他们曾经获得的教育会逐渐失去价值。

继续教育的要求可以专注于某个方面，以确保专业人员能够掌握他们领域内的重要进展。例如，在软件工程中，如果真的出现了颠覆性的新技术，持续教育要求可以保证所有持证或被认证的软件工程师都能了解到这一技术。

一些观点

截至 2002 年，软件工程领域只有 50 年左右的历史。在这段时间里，软件彻底改变了现代生活。我们已经很难想象没有软件的世界会是什么样子了。和其他工程学科一样，软件的实践往往领先于理论，导致大学教育难以跟上技术的快速发展。另一方面，因为缺乏对软件工程技术的基础教育，实践也难以跟上一部分理论。如果没有在大学期间打好基础，很难将经过验证的理论转化为实践。

在传统工程课程模型的基础上建立软件工程教育计划是恰到好处的。与计算机科学课程相比，软件工程教育将培养出对业界更加有用的毕业生。这不仅有助于弥补当前科学与工程之间的鸿沟，还可以增强工程方面的学习。对于相关各方而言，软件工程教育不会像其他类似的教育那样艰难和痛苦。

译者有话说

本章的主题是如何为软件工程建立专门的教育、培训和认证体系，以便系统地培养专业软件人才。大多数软件开发人员都是从工作的历练中获得职业教育的，这是一个漫长的过程。在软件工程师的定位上曾经有过争论：是培养专门的软件工程师，还是在培养通用专业工程师的基础上增加软件工程知识。作者认为软件工程专业发展的最佳模型应该参照医生和律师的教育和认证体系：

- 获得软件工程学位；
- 通过工程基础考试；
- 有几年的软件工程实践经验；
- 申请专业许可证；
- 通过专业工程考试。

另一方面需要对大学的软件工程专业课程进行学术认证，在软件工程大学教育中设立数学、计算机科学、管理和软件专门主题等课程。要求软件工程专业的教师具有"非学术的工程经验"。在科技快速更新的软件领域，继续教育有助于专业人员不断丰富其专业知识。

第 19 章 证书的意义

徽章？我们不需要什么臭徽章！我也没必要给你看
什么徽章。

——电影《碧血金沙》中的金帽子土匪

对于软件开发人员而言，许可和认证一直存在着争议。大多数关于这些问题的讨论最终都没有得出统一的结论。对许可和认证的区别的误解也在日益加深。你必须得到认证吗？你必须获得许可吗？这些问题将对你有何影响？这一章将对这些问题进行探讨。

认　证

认证是由专业学会或机构管理的，自发组织的验证过程。其目的在于让公众知道谁具备从事特定工作的资格。认证的要求通常涵盖了教育背景和工作经验两个方面，并且大多数情况下会通过

扫码查看原文注释

书面考试来评估申请者的工作胜任度。认证通常具有跨地域的特性，可以扩展到全国甚至全世界。在美国，最知名的专业认证之一便是注册会计师认证。

这些年来，一些组织开始为软件行业工作者提供了认证服务。计算机专业人员认证学会提供了助理计算专业证书和计算专业证书两种称号。美国质量控制协会则提供了软件质量工程师的认证（尽管他们使用的"工程师"一词可能引起法律争议，因为在大多数美国州及整个加拿大，"工程师"这一术语的使用是受到严格监管）。

多家公司推出了针对特定技术的认证计划。举例来说，微软公司提供了"微软认证专家"的称号，Novell 推出了"认证网络工程师"，Oracle 推出了"Oracle 认证专家"，而苹果则有"苹果认证服务器工程师"等认证。这些认证主要针对这些公司自家的产品，因而它们更倾向于是软件技术认证而不是软件工程认证。

这些认证为雇主和客户提供了判断软件人员资格水平的依据，并已经得到了市场的广泛认可。在撰写本书时，我注意到亚马逊上已经上架了 25 个类别的书籍，囊括各种与软件或计算机相关的认证考试，这些考试几乎都与特定技术相关。

2002 年，IEEE 计算机学会推出了软件工程的基础认证——软件开发专业人员认证。[2] 这是第一个由权威专业组织赞助的通用软件工程认证项目，是向行业广泛认可的软件开发专业资格迈出的关键一步。

许可证

许可证是一种强制性的法律程序，旨在保护公众安全，通常由司法管辖区（如州、省或地区）管理。对于许多职业，国家级专业组织会向管辖区提供关于许可证的具体要求和考试内容的指导。

包括医生、建筑师、律师和工程师在内的多数职业都需要持有执照。对公众有影响的职业都需要取得许可证，但软件行业是个例外。表 19-1 列出了在加州需要许可证的职业示例。

表 19-1　加州需要执照的职业 [3]

• 针灸师	• 助听器助理
• 报警公司操作员	• 赛马骑师
• 业余拳击手	• 锁匠
• 建筑师	• 美甲师
• 律师	• 职业赛马骑师
• 理发师	• 护士
• 注册公共会计师	• 害虫控制操作员
• 承包商	• 医师
• 美容师	• 医师的助手
• 定制室内装潢师	• 私家侦探
• 牙医	• 专业工程师
• 尸体防腐师	• 房地产估价师
• 家庭咨询师	• 收缴员
• 葬礼总监	• 零售家具经销商
• 地质学家	• 兽医
• 导盲犬培训员	

在美国的工程领域，大多数工程师都不需要获得许可证。有些工程公司需要聘用持有许可证的工程师，但并不是所有的工程师都必须获得这样的许可证。例如，大约有一半的土木工程师持有许可证，而化学工程师中持证者仅占 8%。从业许可证的要求取决于工程产品是否会被广泛生产并对公众安全造成重大影响。如果工程产品能被批量生产且只在通过测试后才能销售给公众，就能极大地降低公众风险，并且需要许可证的工程师的数量也会减少。由电气工程师设计的产品，比如烤面包机、电视和电话等，可以大规模生产，因此仅有少数电气工程师获得了许可证，如表 19-2 所示。

表 19-2　1996 年美国获得工程证书的毕业生百分比 [4]

专　　业	许可证的比例
土木	44%
机械	23%
电器	9%
化学	8%
所有工程师	18%

土木工程师设计了众多独特的、与公共安全紧密相关的建筑，包括高速公路、桥梁、棒球场和机场跑道等。因此，如表 19-2 所示，相较于电气工程师，土木工程师中有更多人持有许可证。

软件应该位于表中的哪个位置呢？软件开发者创造了许多独特的软件产品，但这些软件可以复制数百万份，比如操作系统、税务软件、文字处理软件等。我们确实开发了一些对公共安全至关重要的系统，但大多数商业系统对公共安全的影响相对较小。

当建筑师改造房屋时，他们可以做出许多设计决策。偶尔，他做出的决定可能会影响房屋结构的完整性，需要安排工程师来审查该计划。而在软件行业，如果应用程序需要某些工程改进，这些任务大部分时候都可以由其构建者来完成，也就是那些未持有许可证的软件工程师和软件技术人员。大多数软件应用程序不需要任何工程审核工作，而一小部分要求进行工程审核的应用程序也只需要少数持有许可证的软件工程师。

一个合理的估计是，在所有参与项目的计算机程序员中，可能最终只有不到 5% 的人需要获得专业软件工程师许可证，并且这个比例可能更接近 1%。[5]

软件工程师可以获得许可证吗

一些计算机科学专家认为，实施许可证制度不仅不会提升生产力，反而可能限制生产力。[6] 这些争论经常出现，因此有必要分析一下。

有一种论点认为，实行软件工程许可证制度是不可能或者是不切实际的，还有一些人主张，许可证审核本身就不是一个好办法。

以下总结了典型的反对意见，他们认为发放许可证是不可能的或者不切实际：

- 软件工程知识体系尚未达成共识；[7]
- 软件工程方面的知识变化如此之快，考试题目很快会过时；[8]
- 多选题不适合用来评估软件工程技能。实际上，没有任何

形式的考试能充分地评估软件工程师的能力；[9]

- 软件开发涉及的二级学科比较广泛，为所有二级学科都提供许可证是不切实际的；[10]

- 现有专业工程师基础考试不适合计算机科学专业的毕业生。[11]

让我们依次分析每一个反对意见。

- 软件工程知识体系尚未达成共识：这种说法在 30 年前可能成立，但如今，这种说法已经不再适用了。正如我在第 5 章中讨论的那样，软件工程的知识体系已经被明确界定，并且已经相当成熟了。

- 软件工程方面的知识变化如此之快，考试题目很快就会过时：如第 5 章所述，这种论点基于对软件工程知识体系构成的过时理解。

  医学等其他领域的知识更新速度与软件工程相当。既然医生可以获得许可证，软件工程师应该也可以。

- 多选题不适合用来评估软件工程技能。实际上，没有任何形式的考试能充分地评估软件工程师的能力：设计合理的专业考试的确是一项挑战。但是，构建用于识别专业能力的考试科学和统计方法已经是一个成熟的领域。无论是医学、法律还是工程学科，所有这些职业的资格认证都依赖于考试结果。制定考题需耗费大量时间和精力，并且需要该领域的专家深度参与，但这对于所有领域都是一样的。我本人曾参与设计软件开发专业认证的考试题目，我可以肯定，制定软件工程考题的难度与其他职业相差无几。[12]

- 软件开发涉及的二级学科比较广泛，为所有二级学科都提供许可证是不切实际的：软件开发风格的多样性确实给软件工程师许可证带来了挑战。幸运的是，和其他学科的大多数工程师一样，这种挑战是可以简化的，因为大多数软件工程师并不需要获得许可。只有那些工作可能对公众健康或财富构成潜在风险的软件工程师才需要获得许可。

"二级学科的广度"的问题并非软件领域独有。医生需要参加心脏病学、放射学、肿瘤学等多个医学专业的委员会考试。工程师需要参加土木工程、电气工程、化学工程等专业考试。既然其他领域可以克服这个障碍，那么软件工程同样有能力找到解决方案。

总的来说，我认为这个论点与其说是在反对建立许可证制度，不如说是对许可证制度的实际效果感到担忧。在其他工程学科中，工程师受到行为准则的约束，只能在其专业领域范围内工作。软件工程同样需要制定相应的实践标准。

- 现有的专业工程师基础考试并不适合计算机科学专业的毕业生："工程基础"考试目前主要关注于工程基础知识，包括工程材料的结构和属性、物理系统的动态和控制，热力学和热传导、磁场等。如第 17 章所述，某些新兴软件工程课程已经包括了这些传统工程学科的内容。然而，那些更加专注于软件而非传统工程学科的课程不会要求学生参加此类基础工程考试。

在软件工程许可证制度实施前，确实需要完成大量的准备工作。目前，大部分的工作都应该已经完成了，或者已经开展了多年。在我看来，围绕许可证实用性的争论只是表面问题，真正的讨论焦点应该集中于实施许可证制度是否为良策上。

许可证制度好吗

以下是一些反对实施许可证的主要理由：

- 对软件工程师的需求在不断增加，许可证制度可能会限制软件工程师的人数；[13]
- 软件工程知识体系一直在快速变化，而工程师获得的许可证是终身制的，这并不合适；[14]
- 许可证不能保证得到许可的每个人都能胜任实际工作，可能会给公众带来一种错误的安全感。[15]

让我们仔细分析一下这些论点。

- 对软件工程师的需求在不断增加，许可证制度可能会限制软件工程师的人数：这个论点是基于一种假设，即许可证实施后，许多公司将要求软件工程师必须持有许可证。但正如本章前面提到的那样，无论是其他有许可证的工程领域还是软件领域，都没有出现这种情况。大多数编写软件的人都将被归类为软件技术人员或未持有许可证的软件工程师，而不是专业软件工程师。大多数类型的软件不是与安全息息相关的，可以由非专业软件工程师编写。

  仅有少数开发与安全相关的特定软件系统的软件工程师可能需要获得许可证。
- 软件工程知识体系一直在快速变化，而工程师获得的许可证是终身制的，这并不合适：这个论点里出现了两个误解。第 1 个误解与软件知识体系的变化速度有关，这已经在第 5 章讨论过了。第 2 个误解是认为"许可证是终身制的。"在许多领域，持续的专业教育和知识更新是保持许可证有效性的必要条件。许可证制度有助于专业人员不断地更新他们的知识。

- 许可证不能保证得到许可的每个人都能胜任实际工作，可能会给公众带来一种错误的安全感：这个论点有一定的道理，一些不够资格的人可能会获得许可证，而一些更有资格的人也许被拒绝了。许可证能起到一定的筛选作用，提升劳动市场的整体质量，但是它并不完美。图 19-1 展示了劳动力市场在缺乏专业许可时的状况。

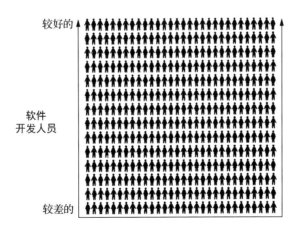

图 19-1　在实施专业许可证之前，所有软件开发人员都在一个人力池里

如果没有专业许可证制度，公众接触到的软件开发实践将会良莠不齐，并且对于潜在的危险软件没有任何防备。为了保护公众利益，我们希望许可程序充当一种过滤机制，阻止不合格的软件开发人员获得许可，只让那些表现出色的软件开发人员获得认证，如图 19-2 所示。

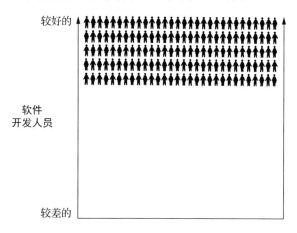

图 19-2　假设实际许可证发布情况，加了专业许可证条件后软件开发人员的分布

　　然而，许可证并不是一个完美的筛选机制。我们都听说过律师有好有坏，医生良莠不齐，在其他已实施许可证的职业中也存在水平参差不齐的现象。即使结合了高等教育、考试和工作经验，软件许可的筛选效果也不见得会超越其他已实行许可证制度的职业。最开始的情况可能会更糟，因为其他职业已经花费了很长时间来优化许可证考试和其他要求。如图 19-3 所示，即使采用当前最好的方法，一些不合格的人可能仍会获得进入软件工程领域的许可，而一些有资格的人可能会被拒之门外。

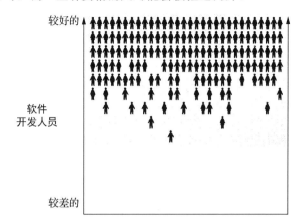

图 19-3 假设实际许可证发布情况，加了专业许可证条件后软件开发人员的分布

　　尽管理想中的许可机制可能难以完全实现，现有的许可制度仍然有它的价值。多数软件雇主更倾向于从图 19-3 中筛选软件开发人员，而不是从图 19-1 中挑选。绝大多数客户也更愿意将关键安全的软件项目委托给图 19-3 中的开发人员进行设计和审查，而不是交给图 19-1 中的人员。绝对的保障当然很好，但如果没有这样的保障，多一道保险总是更好的。

许可证的起步

　　向软件开发人员发放许可证的运动始于 1998 年，那一年，得克萨斯州专业工程师委员会将软件工程认定为一个独立的、可认证的工程学科，从而创设了专业软件工程师（P.E.）的职称。[16]

　　得克萨斯州引入了限制性的考试豁免条款，为符合资格的专业软件工程师颁发许可证。要申请正式许可证，申请人必须具备以下条件：

- 拥有 16 年的工程经验；

- 或者拥有 12 年的工程经验并获得认证大学的学士学位；

- 每位申请人还需提供至少 9 名推荐人，其中至少 5 人必须是持有执业证书的专业工程师（不一定是软件工程师）。

　　得克萨斯州对其他工程学科的专业工程考试同样实施了相应的豁免条款。

　　那么，有多少在职的软件开发人员通过得克萨斯州的豁免条款成了专业软件工程师呢？截至 2003 年中期，大约有 50 人获得了许可，这个数量并不算多。这一措施被证明是得克萨斯州的一个明智之举。通常，在试点期间，考试豁免条件可能会被放宽，使得大多数现有的从业者都能满足条件。但这种做法会降低"专业软件工程师"的含金量，使它听上去与普通的程序员无异。通过设定限制性的考试豁免条款，得克萨斯州保护了"专业软件工程师"的名誉，只让得克萨斯州最优秀的那批软件开发人员成为专业软件工程师。

　　加拿大也出现了类似的情况。自 1999 年起，不列颠哥伦比亚省和安大略省开始颁发专业软件工程师的许可证，其中安大略省已经有了约 300 名专业软件工程师。[17]与得克萨斯州的方案相似，这两个省的许可证计划都包括了试运行条款，允许具有合适的教育和经验的软件开发人员豁免考试，直接获得专业许可证。

获得证书的优势

　　成为专业工程师意味着你能为自己所在公司的项目承担个人责任。美国法院认为，只有专业人员才可能因渎职而被追究责任。[18] 医生、律师和建筑师可能会面临渎职的指控，而垃圾车司机、快餐厨师和计算机程序员则不能，因为他们法律上不被认定为专业人员。通过把软件工程定为一种职业，我们正在为法院铺平道路，监督软件工程师像其他专业人士一样对违规行为负责。另一方面，遵守公认的工程实践在一些案例中能提供一种防御性保护。

　　虽然不是每位工程师都必须获得许可证，但随着体系的完善，某些公司将被要求聘请持许可证的工程师。最有可能需要专业工程师的公司类型如下：

- 向公众销售软件工程服务的公司；
- 为公共机构开发软件的公司；
- 开发注重安全性的软件的公司。

　　其他公司则可以自主选择是否雇用专业工程师。例如，只聘请拥有最高级许可证的员工可以是一种营销方式。有些公司认为，聘请专业工程师是增强技术团队实力的方式。出于相同的原因，公司也可能考虑聘请那些获得了认证但尚未持有专业工程许可证的软件工程师。

　　在这些公司里，专业工程师将负责审核软件工程工作并对公司发布的软件产品进行签字。对于这些公司来说，聘请专业工师将是必须遵循的法律规定如果软件公司借鉴其他工程领域的做法，在聘请专业工程师时将责任保险作为就职合同的一部分，将大大降低持有专业工程执照的人员在工作中的风险。

专业工程师还具有其他的优势。那些能够用自己的签字和声誉公司负责的专业工程师，不仅在法律上为公司的行为承担责任，而且还拥有最终决定实施方式、设计方法及其他影响软件质量的决策的权力。如果没有专业地位，领导可能会要求你在不切实际的时间内完成任务，采用目光短浅的设计或是通过牺牲产品质量来加快软件的上市时间。由于专业身份对教育背景、道德准则和许可证有明确的规定，再有了专业身份后，你可以回答说："我的专业标准不允许我在这种情况下牺牲质量。如果这样做了，我可能会失去专业执照或者被起诉。"有了专业和法律的支持，你可以勇敢地对那些固执的管理者、营销人员和客户提出质疑。我们期待看到更多这样的情况。

在组织层面，软件组织的 SW-CMM 评级（详情请参见第 14 章）与专业工程许可证可能会相互影响。专业工程师需要对在他们监督下编写的软件负责，而他们不可能亲自审查大型项目的每一行代码。我认为，即使该软件组织为专业工程师支付了责任险，专业工程师还是更喜欢在拥有最佳技术和流程支持的软件组织中工作，换句话说，他们更喜欢那些拥有成熟软件组织基础设施的组织。我预测，达到较高 SW-CMM 水平的组织将吸引更多专业工程师，这将进一步印证哈兰·米尔斯（Harlan Mills）在 20 年前（20 世纪 80 年代）的发现：高于平均水平的开发人员往往聚集在高效的组织中，而低于平均水平的开发人员只能留在低效率的组织中。[19]

获得证书

能力考试是所有成熟许可证体系中的关键一环，它由各个辖区进行管理。目前，专业软件工程师的考试形式尚未确定。在其他工程领域，专业工程师通常需要参加一个 8 小时的考试并解答 8 道题。其中的 4 个问题以论文形式回答，其他 4 个则通过大约 10 个多选题来解答。考试的具体内容由不同的组织单位决定。

考试本身并非万无一失，通过专业软件工程师考试并是获得许可证的唯一要求。对于软件工程学位，这是一项挑战，尽管目前已有若干大学提供相关本科项目，但在美国，这些项目还没有获得官方认证，而加拿大也只有 3 个项目获得了认证。[20] 当时预计在 2003 年内，美国会出现第一个得到认证的软件工程项目。在大学基础设施完全建立并且足够数量的软件工程师毕业之前，没有学位要求的许可证将试行 10 年到 15 年，直到大学基础设施得到完善，并且有足够数量的软件工程师毕业。

三条路径

正如第 18 章中讨论的那样，软件社区还没有明确软件工程师的定义：他们究竟是开发软件的工程师，还是利用工程方法创建软件的程序员。由于这两种对软件工程的理解之间存在差异，许可证制度的发展方向可能有三种。

第一条路径是在传统工程许可证框架下添加软件专业考试。如果工程师已经通过了基础工程考试，积累了必要的工作经验，并且成功通过了软件专业考试，他们就能获得专业工程师许可证（在美国为 P.E.，加拿大为 P.Eng.）。这条路径要求软件工程师接受类似于麦克马斯特大学的项目（详情请参见第 18 章）的教育。

第二条路径也需要创建软件工程专业考试，但它同时需要对所有工程师必须参加的基础工程知识考试进行调整（这取决于各司法管辖区的具体规定）。如今，大多数工程师都经常使用计算机，并且许多工程师会编写计算机程序以供自己或同事使用。他们使用这些程序为桥梁、摩天大楼、炼油厂和许多其他可能影响公共安全的结构提供数据。编写这些程序的工程师应该具备有效的软件工程经验，可能只需要对工程基础考试稍作修改，多加一些关于软件工程的问题。考试应覆盖更广泛的知识领域，并设置较低的通过分数线，比如 70%左右。当然，这可能因地区而异。其他领域的工程师可能会在软件题目上丢分，但在传统工程题目上答得更好。软件工程师则可能在软件题目上得分较高，在传统工程问题上丢分。这条路径更适合接受了第 18 章介绍的 R.I.T.课程教育的工程师。

第三条路径是创建一个专注于专业软件领域的认证，而不是传统的 P.E.或 P.Eng，即"专业软件工程师（P.S.E.）"或类似的称号。这一证书专门针对软件领域，软件工程师无需学习热力学和热传递、工程材料的属性或其他传统工程学科内容。支持这种路径的人认为，设计商业系统、财务应用程序、教育软件等非工程目的软件的人员不需要传统的工程知识，只需要掌握构建软件的工程方法。

在这三个选项中，我认为第二条路径最为理想。软件工程师们应该学习一些传统工程课程，以了解不同学科的工程师是如何思考设计和解决问题的。第三条路径缺乏这种跨学科的教育要求，而第一条路径则对传统工程知识的要求过高。此外，只有少数软件工程师会追求许可证，因此软件工程课程应该考虑到大多数毕业生不需要为参加工程基础考试做准备。对于想要获得去可证的软件工程师而言，第二条路径既让他们做好了参加修订版的工程基础考试的准备，又不会太过轻视针对软件的课程。

改革基础工程考试对其他工程学科是否有益？我认为答案是肯定的。工程基础考试的改革并不会导致获得许可的工程师水平降低。这些工程师在完成他们的专业教育后，依然需要通过各个领域的专业考试，无论是土木、化学、航空还是其他工程专业。工程师的职业道德准则限制他们只能在自己专业领域内工作。此外，考虑到软件技术在当代工程实践中的普遍应用，让所有工程师都掌握软件工程的基本知识无疑会带来显著好处：这或许能让他们更深刻地认识到创建复杂软件系统的挑战，这样当项目的难度超出了他们的教育和培训范围时，他们会知道什么时候应该寻求软件专家的帮助。

铁戒指的意义

在加拿大，从经过认证的工程学专业毕业的工程师都会被授予一枚铁戒指。这一传统始于 1923 年，从鲁德亚德·吉卜林（Rudyard Kipling）设计的特别仪式上开始。传说这些戒指是由坍塌的滑铁卢大桥中回收的铁材制成，旨在时刻提醒工程师所肩负的社会责任。尽管有人在尝试将这种传统介绍给美国的工程师们，但到目前为止，这种仪式还没有得到大范围的推广。

铁戒指承载着重要的象征意义，它虽然不直接代表专业资格，却象征着所有者对将工程作为终身职业的坚定承诺。认证机制可以在软件工程中扮演类似的角色，它象征软件工程师追求软件工程高标准的决心。

如果你认为自己"不需要俗气的证书或铁戒指"，这种想法完全可以理解。即使许可和认证变得越来越常见，大多数软件开发者也可能选择不去申请专业工程许可或认证。但随着软件工程领域逐渐成熟，许可和认证将变得越来越普遍。那些希望表明自己对软件行业的决心的软件工程师很可能主动申请许可证和认证。

✧ 译者有话说 ✧

本章的主题是讨论专业认证和官方许可证的性质和意义。

1. 专业认证：由专业学会或机构自行管理和组织的认证过程，例如，IEEE 计算机学会举办的软件开发专业人员的认证，认证的目的是让公众了解谁有资格从事特定类型的工作。

2. 许可证：一种强制性的法律程序，旨在保护公众安全和利益，通常由司法管辖区（例如，州、省或地区）管理许可证的批准，获得许可证的专业人员才能从事专业商业活动。目前有关软件工程的大部分工作并不要求软件人员具有专业认证或专业许可证。但已经获得证书的工程师可能更会受到客户的信任，会承担更重要的工作。随着软件工程领域的成熟，更多的软件工程师会获得专业许可证和专业认证。

第 20 章　职业道德准则

> 虽然大多数人天性都有一些淘气，但随着性格的成熟，都会萌生一个共同的愿望：为社会福祉做出贡献。工程师在实现这个愿望的过程中可以深切感受到个人的价值。
>
> ——塞缪尔·弗洛曼

成熟职业的一个标志是它们拥有一套道德准则或职业行为标准。和非专业人员相比，从法律上讲，我们期望在同一领域工作的专业人士保持高标准。比如，某人因为胃痛而听从水管工朋友建议喝了碱性苏打水，导致后来病情恶化成阑尾炎，这位水管工朋友的行为并不属于缺乏职业道德。然而，如果这位朋友是医生，他在未进行适当检查的情况下就建议喝碱性苏打水，那么他的行为就缺乏职业道德。

扫码查看原文注释

道德准则确立了每个行业的行为准则，[1] 注册会计师必须通过一个 3 小时的会计道德准则考试。律师必须通过半天的道德考试。在成熟的职业领域中，严重违反道德准则的专业人员会被吊销执照。

软件工程师的道德准则

多年来，软件开发领域都缺乏一个公认的道德准则，ACM 和 IEEE 计算机学会联合委员会着手制定了一套针对软件工程的道德准则。这套准则经过了多次修订，最终由全球在职软件工程师的审查并认可。在 1998 年，ACM 和 IEEE 计算机学会正式采纳了这套软件工程的道德准则和专业实践指南。图 20-1 再次展示了道德准则。若想查看更详细版本的道德准则，请访问 IEEE 计算机学会网站：www.computer.org。

这套准则围绕两个主要目标展开，并且详细列出了 8 条具体准则。

第一个目标是软件工程师应致力于使软件的分析、规范、设计、开发、测试和维护成为一项有益的、受人尊重的职业。换句话说，每一条道德准则都旨在促进软件工程职业本身的发展。这种说法隐含的意思是，软件工程尚未成为"有益的、受人尊重的职业"。在软件工程职业变得更加成熟后，这个目标可能会变成"软件工程师应致力于维护和增强这一受人尊重的职业"，不再是使它"成为"受人尊重的职业。

第二个目标是软件工程师应该致力于促进公共的健康、安全和福祉。这意味着，工程师需要更关注对社会而不是对个人的影响。这与其他工程领域的道德准则相似，都强调了保护公众福祉的重要性。

软件工程师的道德准则与专业路径

软件工程师应致力于使软件的分析、规范、设计、开发、测试和维护成为一项有益的、受人尊重的职业。基于他们对公众健康、安全和福利的承诺，软件工程师应遵循以下 8 项准则。

1. **公共利益**：软件工程师应始终将公共利益放在首位。

2. **客户和雇主**：软件工程师应确保他们的行为既能代表客户和雇主的最佳利益，同时又不违背公众利益。

3. **产品**：软件工程师应确保产品及相关的修改尽可能达到最高的专业标准。

4. **判断**：软件工程师应保持全面和独立的专业判断力。

5. **管理**：软件工程经理和领导者应践行并推广软件开发和维护的道德准则。

6. **专业**：软件工程师应提升职业的诚信和声誉，使其与公共利益保持一致。

7. **同事**：软件工程师应公正对待同事，并和同事相互支持。

8. **自我**：软件工程师应坚持终身学习，主动把道德标准应用到职业实践中。

图 20-1　软件工程道德准则与专业实践。本规范已经被 ACM 和 IEEE
计算机学会采用，它提供了软件工程师的道德和专业指导。
©1998 年 SEEPP 执行委员会，经许可方可使用

　　两个首要目标是指导原则，而 8 个具体准进一步解释了这些首要目标。以下是对道德准则的一些深入解读。

　　1. **公共利益**：软件工程师们应该对其工作承担起全部责任，只只有在充分验证软件安全、符合产品规范、经过恰当测试，并且最终能够对公共利益产生正面影响后，才应该批准软件的发

布。软件工程师还应该向特定个人及公众说明任何真实或潜在的危害。

2. **客户和雇主**：软件工程师的工作直接关系到客户和雇主的利益。因此，他们必须在不违背公共利益的前提下，尽力保护客户和雇主的利益。软件工程师应当只在自己的专业范围内提供服务。他们应该保护机密信息，不接受有损客户或雇主利益的外来委托。他们不得使用非法或不符合道德准则的软件。如果他们认为项目可能会失败，应该向雇主或客户提交证据并说明理由。

3. **产品**：软件工程师在工作中应追求产品质量、成本效益及合理的交付时间。他们应向雇主和客户明确交代产品各方面的权衡取舍，并就评估这些因素所涉及的不确定性提供专业意见。在公开发布软件产品之前，软件工程师应遵守相关的专业标准，确保产品经过充分的审查和测试。

4. **判断**：真正的专业人士有权、有义务独立做出专业判断。即使这可能与个人的、客户的或雇主的利益发生冲突，也应该始终保持专业水准。只有在产品经过充分审查后，软件工程师才可以批准它们发布。他们不得从事非法的或不诚信的活动，比如接受贿赂、双重收费，或者在隐瞒利益冲突的情况下为存在利益冲突的双方工作。

5. **管理**：软件工程经理应该遵循与所有软件工程师相同的专业标准和道德准则。软件工程经理应该公平和诚信地对待他们的员工，将工作分配给合适的人选，并且在完成工作的过程中促进员工的学习和经验积累。此外，管理者应保证对项目的工作量进行准确和现实的估算，这包括对成本、时间表、人力资源、质量及其他关键输出的估算。

6. 职业：软件工程师应该推动软件工程的专业化，促进公众对软件工程的了解，并营造一个符合道德准则的工作环境。他们有责任拒绝为违反道德准则的组织工作，并在遇到严重道德违规行为时，向同事、管理层或其他相关机构报告。

7. 同事：软件工程师应帮助其他软件工程师遵守道德准则。他们应该公平对待彼此，并为同事的专业成长提供支持。当需要职权范围之外的专业知识时，应寻求拥有相应专业知识的人员的协助。

8. 自我：软件工程师应将自我教育视为职业生涯的首要任务。他们应该持续更新自己在软件需求分析、设计、编程语言、系统维护、测试及项目管理等领域的知识。同时，他们还需要掌握行业的最新标准和与工作相关的法律知识。

道德准则的必要性

公认的道德准则为软件工程的专业化提供了广泛的支持，它建立最基本的期望值，让雇主和客户对专业标准和遵守标准的工程师抱有信心。

这些准则为公司提供了一种支持专业软件工程的途径。当一家公司公开承诺遵守道德准则时，就表明该公司致力于营造一种优良的环境，鼓励专业软件工程师高度重视道德行为准则，公司不会因为他们拒绝了违反道德准则的要求而给他们穿小鞋。这种做法对公司和软件工程师都有好处——通过维持高专业标准来吸引软件工程师，而工程师则在这样一个鼓励高标准的环境中找到了成就感。

在一直都缺乏道德行为指导的公司中，道德准则会发挥最大的作用，它提供了一套软件工程师可以遵循的道德和专业行为指南。请看下面这些例子。

- 项目失败：在缺乏道德准则的情况下，如果软件工程师意识到项目时间表不切实际，他们可能不确定是否要向客户或经理报告真实的情况。而如果有了道德准则，当软件工程师认为项目可能会失败时，他们就知道自己需要收集证据，记录下自己的疑虑，并且有责任及时地向雇主或客户报告这些疑虑。

- 低价竞标：向客户提交不切实际的低报价的做法在软件行业里很常见。虽然很多软件开发者都不喜欢这种做法，但他们往往因为害怕得罪老板而不愿意出头反对低价竞标。道德准则指出，软件工程师应确保项目估算是切合实际的，他们只应该在认可估算的情况下支持估算。道德准则还强调，软件工程师应该让软件工程成为一个受人尊敬的职业，而参与低价竞标显然违背了这一理念。有道德的软件工程师应该抵制低价竞标。

- 边做边改的开发方式：有时候，不了解情况的客户和经理会坚持要求软件开发人员采取边做边改的开发方式。尽管开发者知道这种方法效率低下，但在与客户或领导的反复沟通无果后，他们可能会选择屈服，心想："随便吧，无论最后的结果有多糟，都是公司应得的。"然而，采用边做边改的开发模式与软件工程师的专业行为标准不符，专业标准要求在可接受的费用和合理的时间表的条件下开发出高质量的产品。边做边改的开发方式会阻碍软件工程向职业化方向发展，有道德的软件工程师应该拒绝使用这种开发方式。

- 知识陈旧：时刻关注软件工程的最新动态可能很花时间，所以许多软件开发人员对此都没有太大的兴趣。据一位出版商透露，普通的软件开发人员每年阅读的专业书籍不超过一本，更不用说订阅专业杂志了。[3] 这个问题虽然表面上不涉及道德，但确实关系到专业实践的根本。如果不更新自己的知识，就难以在专业领域保持竞争力。不愿意终身学习的人虽然也能从事软件工作，但按照道德和专业的标准，他们并不是合格的专业软件工程师。

如果没有道德准则，软件工程师必须依赖个人判断来解决道德困境。那些坚守道德准则的工程师相信，所有合格的工程师都会自觉遵守这些准则。

有些情况不像上面的例子那样一目了然。客户的利益可能与公共利益相冲突，雇主的利益可能与同事的利益相冲突。"道德准则"无法预料到每一种可能的道德困境，因此软件工程师需要做出最合适的判断，忠于道德准则的精神，全面考虑道德准则。

学习不能停的时代

这些准则提供了一种公共教育手段，帮助客户与高层管理层理解对专业软件工程师的职业期望。只有当雇主和客户真正理解软件工程专业人员将如何落实道德准则时，道德准则才有意义。每个职业都需要一种方法来管理那些不遵守专业标准的人员。如果不加管理，这些人会逐渐削弱该职业的信誉。目前，IEEE 计算机学会、ACM 学会以及其他组织尚未建立起强有力的执行机制，遵守准则主要依靠自觉。但从长期发展来说，软件工程将走上与其他职业相同的道路：软件工程师将承诺在保持职业完整性的同时，遵循软件工程的道德准则。严格执行该准则将对于软件工程师、他们的雇主和客户，以及公共大众都是有益的。

塞缪尔·弗洛曼说："随着性格的成熟，我们会产生一种共同的愿望——为人类福祉做出自己的贡献。"虽然弗洛曼当时指的是个人，但是他的话可能也适用于软件工程职业。软件工程的道德准则与专业实践重点强调了职业责任和对社会的贡献，是软件工程职业发展和成熟的重要标志。

❧ 译者有话说 ❧

本章的主题是软件工程行业的职业道德准则。成熟职业的特征之一是制定了道德准则或职业行为标准。道德准则为真正的软件工程职业提供了广泛的支持，建立最基本的期望值，让雇主和客户对专业标准和遵守标准的工程师有信心。同时专业人员可能因为严重地违反道德准则的行为被吊销专业执照。软件工程师必须遵循的 8 项准则包括公共利益、客户和雇主、产品、判断、管理、专业、同事、自我。软件工程师应该确保软件产品和服务是有效益的和安全的。

第 21 章　慧眼识珠

问：软件工程未来将会出现哪些令人兴奋或具有巨
大潜力的创新或技术？

答：我并不期待会有什么具有巨大潜力的革命性技
术出现，这样的技术其实早已存在，我们只是未能充分
利用而已。

——戴维·帕纳斯[1]

如何把普通金属变为珍贵的黄金？希腊神话中米达斯国王能
够点石成金，这是许多人的梦想。软件工程正处于实现这一梦想
的关键时刻，有些实践方法多年前已经被充分理解并被证明是有
益的，但并没有得到广泛使用。我们正处于一个关键的转折
点：将普通工程实践转化为卓越的工程实践。

扫码查看原文注释

为什么需要技术转化

软件工程领域已经出现了许多优秀的实践，覆盖项目规划与管理、需求工程、设计、构建、质量保证以及流程改进等方面。问题在于，了解这些实践的人并不多，应用过它们的人更是凤毛麟角。尽管一些前沿的软件机构已经积累了丰富的、通常与成功相关的经验，但实际采用这些实践的组织依然是少数。表 21-1 列出了一些优良实践的例子。根据我以往的咨询经历以及众多行业报告，仅有一小部分软件组织实施了这些宝贵的实践。

表 21-1　没有被广泛使用的最佳软件实践 [2]

最佳实践	第 1 次有文章记载或者第 1 次商业可用的年度
项目计划和管理实践	
·　自动估算工具	1973[3]
·　逐步交付	1988[4]
·　测量	1977[5]
·　生产力环境	1984[6]
·　风险管理计划	1981[7]
需求工程实践	
·　变更委员会	1978[8]
·　一次性用户界面原型设计	1975[9]
·　联合应用开发会议（JAD）	1985[10]

续表

最佳实践	第 1 次有文章记载或者第 1 次商业可用的年度
设计实践	
·　信息隐藏	1972[11]
·　应变设计	1979[12]
构建实践	
·　源代码控制	1980[13]
·　增量集成	1979[14]
质量保证实践	
·　分支覆盖测试	1979[15]
·　检查	1976[16]
流程改进	
·　软件工程协会的软件能力成熟模型	1987[17]
·　软件工程流程组	1989[18]

　　研究人员已经发现，"创新→新的最佳实践→转换为技术→广泛应用"的过程通常需要 10 到 15 年的时间。[19] 如果是这样的话，软件行业的技术转化周期存在着严重的问题。表 21-1 列出的大多数最佳实践都在 15 年前甚至更早时被提出了。那么，为什么它们还没有得到广泛应用呢？

创新的扩散

　　这个问题的答案既简单又复杂。人们早已广泛研究过如何扩散创新，使其得到普遍的应用。1962 年首次出版的《创新扩散理论》是关于技术转化的开创性著作。[20]1995 年，这本书的第 4 版出版了。在第 1 版到第 4 版之间，3 500 多篇关于创新传播的书籍和文章得以公开发表。

罗杰斯根据采用者的分类画了一张图表，描述了创新是如何被采用的。采用者的类型包括创新者、早期采纳者、早期大众、晚期大众和落伍者。图 21-1 展示了这些群体的相对规模以及它们采纳创新的顺序。

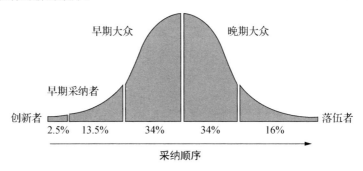

资料来源：《创新扩散理论》[21]

图 21-1 创新随着时间的推移而传播。使用创新的不同群体会有不同的需求，会用不同的标准来评估创新

创新者是那些喜欢尝鲜的人。他们渴望尝试新技术，无论这些创新是多么粗糙，大胆或者冒险。他们可以接受不稳定的新技术和实践的高度不确定性。由于创新者乐于尝试且经常遭遇失败，他们并不总能获得其他采纳者群体的认同。

早期采纳者在软件组织中扮演着备受尊敬和有影响力的领导

角色。他们在试用创新方面领先于大多数人，为后续采纳者树立了榜样。

早期大众比早期采纳者更加务实，他们在做出决策时更加谨慎，通常会跟随早期采纳者的脚步。这个群体是规模最大的两个类别之一。

晚期大众对创新持保留态度，只有当许多人都应用过创新之后，才会开始谨慎地试用创新。他们对创新的好处持怀疑态度，只有通过亲身体验才会相信。他们采用新技术很可能是迫于同事的压力。

落伍者是最后一批采纳创新的人群，他们更多地依赖于过去的经验而不是对未来的展望，在采用创新产品时非常谨慎。

鸿　　沟

20 世纪 90 年代中期，杰弗瑞·摩尔（Geoffrey Moore）在《跨越鸿沟》[22] 中对罗杰斯的理论进行了扩展。摩尔指出，不同用户群体之间的决策风格不同，导致了不同群体之间存在明显的差异。能够说服创新者纳新的理由不一定能说服早期采纳者。

摩尔最重要的见解是，各个群体间的差距并不都是相等的。如图 21-2 所示，摩尔认为早期采纳者和早期大众之间存在的差异远大于其他人群，足以称为"鸿沟"。

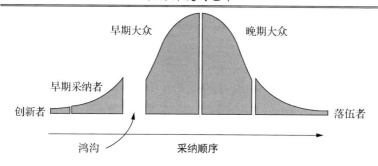

资料来源:《跨越鸿沟》[24]

图21-2 技术转化的难点是跨越鸿沟

一些棘手的问题

创新的采纳速度缓慢的一个原因在于有些创新在实践中的效果并不好。不是所有的创新都是有用的,早期大众、晚期大众和落伍者对新技术持谨慎态度是有充分理由的。在面对新创新时,他们可能会提出一系列问题:[23]

- 实验结果是否证明了这项创新在实际应用中的有效性?

- 成功是直接来源于创新本身,还是来源于人们应用这些创新的方式?

- 这项创新是否完善?在应用之前是否需要进行调整或扩展?

- 引入这项创新是否有显著的成本(比如培训和文档),从长远来看,创新带来的价值能否填补这部分开销?

- 如果这项创新是在研究环境中开发的,它是否适用于现实世界的问题?

- 创新会降低程序员的工作效率吗？
- 创新是否可能被误用？
- 有没有关于使用创新的风险信息？
- 创新是否包含了将创新和现有实践集成的指导？
- 必须全面应用创新才能得到它带来的好处吗？

软件工程实践的数据不多，也没有多少宣传，所以软件从业者往往难以回答这些问题。因此，表 21-1 中所描述的软件工程实践仍停留在鸿沟的左侧。尽管早期采纳者已经使用了其中的许多技术 15 年甚至更久，但后面的几个群体却对这些技术一无所知。罗杰斯在研究采纳者的类别时也收集了采用边做边改的开发方式的项目数据，与我们知道的数据相近，大约 75%的项目仍在使用边做边改或者类似的开发方法，鸿沟右侧的采纳者也占据了类似的比例。

为什么会发生这种情况呢？根据罗杰斯的理论，创新技术之所以能很快地传播给创新者和早期采纳者，部分是因为早期采纳者往往拥有更多资源，他们可以承担高昂的试错成本。其余采纳者之所以更加谨慎，则是因为他们资源有限。然而，正如我在第 12 章中提到的那样，在这种情况下，最稀缺的资源不是金钱，而是时间。那些坚持使用落后方法（比如边做边改的开发策略）的软件组织经常面临严重的时间超支问题，并因此陷入无休止的加班循环，几乎没有时间去考察或采用更高效的创新技术。

风险在哪里

传统经验认为，如果你愿意冒险，就说明你就位于鸿沟的左侧；如果厌恶风险，就说明你就在鸿沟的右侧。但是，这种观念并不适用于当前的软件工程领域。

如图 21-3 所示，目前，创新者和早期采纳者采用了表 21-1 中的实践，并且图中还标出了一些具体实践作为示例。SEI 的 SW-CMM 模型似乎正在跨越这个鸿沟。众所周知的瀑布生命周期模型处于晚期大众的领地，边做边改开发方式则出于落伍者的领地。

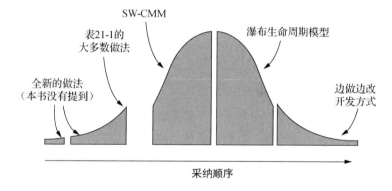

图 21-3　按照采纳创新的顺序展示了不同的软件开发方法所处的阶段

表 21-1 中的方法已经做好了跨越鸿沟的准备。SW-CMM 虽然在一些行业中被广泛使用，但在其他行业中几乎不为人知（它已经跨越了某些行业的鸿沟，但还没有跨越其他行业的鸿沟）。边做边改的开发方式这样的老牌实践正逐步被淘汰，或者至少应该

被淘汰。

自 1968 年北约软件工程会议以来，软件工程技术已经取得了巨大的飞跃。尽管有更好的替代方法，我们还是可以看到许多软件组织仍坚持使用已落后 10 到 20 年的方法。软件工业面临着技术传播缓慢的问题。就像我之前说的那样，使用这些过时方法的组织面临着成本超支、进度超支和项目取消的严重风险。我想再次强调，拒绝接受创新实践并不能降低这些组织的风险。如果一辆旧车总出问题，它的维修费用可能要比购买一辆新车更高。同理，相比采用新的、更好的方法，使用过时的软件开发方法会带来更高的风险。

你想在技术转化周期中处于什么位置呢？如图 21-4 所示，在曲线的最左端，承担接受未经证实但有前景的创新的风险是合理的，因为这些创新有可能带来巨大回报。而在曲线的最右端，坚持使用过时方法所承担的风险同样很高，但却不可能获得高回报，这种风险是不合理的。

软件行业正处于一种不同寻常的技术转化状态。许多创新实践已经证明了它们的价值，例如在表 21-1 列出的方法。这些方法都聚集在图上鸿沟的左侧，已经被创新者和早期采纳者使用过。鸿沟右侧的软件组织可以用它们来替换边做边改开发方式及其他低效软件实践，但是，这种变革并非易事，因为早期采纳者承担的风险通常更高。在青霉素被发现后，一批医生验证了它的效用，并将青霉素纳入了自己的治疗方案中，但仍然有 75%的医生坚持使用马蜞和芥末糊膏。如果到了 21 世纪初，医生仍然坚持使用过时的治疗方法，不接受已被证明有效的新方法，那么相比接受创新，拒绝创新实际上风险更大。

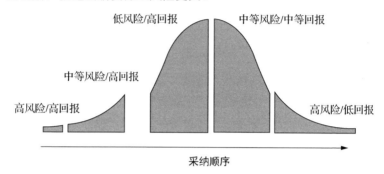

图 21-4 考虑到新的软件实践带来的改进速度，传统创新的风险/回报率
已经失去了吸引力，使用创新曲线的两端都表现出高风险

如果组织目前处于早期大众、晚期大众或落伍者类别，则可以通过采用表 21-1 中列出的一些方法来降低风险。使用边做边改的开发方法和瀑布模型都是有风险的，采用 SW-CMM 可能有些许风险，但没有前面的做法那么大。本书中引用的行业经验证实了这一点。最主要的挑战在于，如何将这些创新方法推广到那些最需要它们的地方。

分级推广代理

在推广创新方面，美国的农业推广服务系统被誉为世界上最成功的代表之一。有位作者曾说过："如果有人用 10 个字描述如何进行创新推广，至少两个字与农业推广有关。"[25] 这个农业推广系统主要由三部分组成。

- 研究子系统：美国所有 50 个州的农业实验站都建立了各自的研究子系统。这些由农业研究教授组成的团队负责研究创新技术，随后这些技术将被推广出去。

- 州级推广专家：这些专家负责将研究成果传递给县级推广代理。

- 县级推广代理：他们与本地农民以及县级政府的其他人员合作，帮助他们挑选适合自己需求的创新技术，并回答实施过程中遇到的具体问题，例如："这项创新是否完善？在应用之前是否需要进行调整或扩展？""成功是直接来源于创新本身，还是来源于人们应用这些创新的方式？"

农业推广计划非常重视以上 3 个部分的协作。研究教授的绩效评估基于他们的研究成果为农民带来了多少实际帮助。州级推广专家的绩效基于他们是否运用专业技术知识解决了农民的实际问题。

该计划每年在推广农业创新方面的投资大约等于农业研究上的投资，这种做法非常少见，因为其他联邦部门花费在推广计划上的预算只有百分之几。没有任何其他计划像农业推广服务那样成功地改变了人们的普遍做法。

软件行业的经验进一步凸显了重视创新推广的重要性。美国国家航空航天局（NASA）的软件工程实验室是最杰出的软件组织之一，曾因流程改进计划而获奖。计划中最关键的一部分是，他们把测量和分析的结果编入了专业指南和员工培训课程中。[26]

推广软件创新是必要的，而软件行业的扩展计划实际上才刚刚起步。软件工程研究所（SEI）是在联邦资金支持下建立的，其目标是提升软件工程实践的水平并提高软件系统的质量。[27]SEI 充当的角色类似于农业推广模型中的研究子系统。SEI 大约 300 名员工要服务于近 290 万软件工作者，与农业推广计划相比，SEI 计划还处于起步阶段。农业推广计划拥有大约 17 000 名员工，为 380 万农业工作者提供服务。[28]

罗杰斯指出，尽管许多政府机构试图复制农业推广模式，但大多数都失败了。其中的一个原因是，他们没有设置县级农业推广代理这样的地方变革代理。罗杰斯还解释了为什么软件工程研究所（SEI）对商业化实践的影响一直都非常有限。SEI 由美国国防部（DoD）创建，它的文档和材料往往带有浓重的国防部色彩，导致最早从 SEI 的技术转移受益的一般都是军事承包商和政府机构。[29]

软件行业有许多具有特定需求和专业词汇的子行业，比如商业系统、网站开发、软件产品、游戏、医疗设备、系统软件、计算机制造、嵌入式系统、航空航天等领域。这使得将软件工程的创新转化为各个特定行业能够理解的语言变得极具挑战性。此外，从业者普遍缺乏深入的软件工程教育也是推广缓慢的一个关键因素。

从业人员往往不愿采用创新技术，除非有人能用他们熟悉的术语回答他们的棘手问题。要使软件技术推广有效运作，政府或私营企业都需要投资于人力资源，找人扮演州级推广专家和县级推广代理的角色。与农业不同，软件项目的需求不会因为地理差异而改变，但确实会根据不同子行业的特征而有所区别。软件工程将从那些能将研究成果与特定子行业需求联系起来的专家那里受益。

此外，本书之前讨论的成熟职业要素也有助于加速技术转移的进程，比如软件工程的本科教育课程、专业资格认证、持续的专业教育要求、软件组织的认证以及专业行为准则。

站在巨人的肩上

千禧年间，我到过一个乡村小镇，不是去见县级推广代理，而是与一位我素未谋面的软件工程领域的同僚会面。在简单的自我介绍后，他直截了当地抛出一个问题："写《代码大全》这样的书对你这样的年轻人来说似乎有些大胆了，你怎么看？"

虽然我喜欢被人形容为"大胆"，但我不同意他的观点。我写《代码大全》沿用了科学和工程领域代代相传的方式，这也是知识积累与发展的自然途径。软件工程的先驱者，例如维克托·巴兹利、巴里·鲍伊姆、拉里·康斯坦丁、比尔·柯蒂斯、汤姆·德马科、汤姆·吉尔伯、卡珀斯·琼斯、哈兰·米尔斯和戴维·帕纳斯等人从过往零散而模糊的知识中提炼出了软件工程领域的核心思想。他们坚持不懈地工作，排除了错误理论、矛盾的数据和不准确的结论。后来者从阅读这些早期探索者的著作中获益良多，避免了重蹈覆辙。虽然后来者可能够没有提出自己的原创理念，但他们能更清晰地解释前人的成果。例如，拉里·康斯坦丁展示了结构化设计的初步理念，而埃德·尤登则进一步解释了这些概念，但是许多读者都没有理解尤登的解释。[30] 直到梅勒·佩奇-琼斯[31] 阐释尤登的说法之后，结构化设计才得到广大软件从业者的理解。[32] 再后来，结构化设计的概念被纳入了面向对象的设计中，再次开启了知识的循环。

从长远来看，早期开拓者用整个职业生涯总结出来的科学知识，后人们只需要短短几个学期就可以传授给本科生。我花了 3 年半的时间写《代码大全》，总有一天，软件开发人员会比我更加"大胆"，只花几个月的时间就能写出更好的书。正是这种逐步精炼的方式使得软件工程这样的知识密集型领域把"金属铅"炼成了"黄金"。历史本来就应该是这样，一代更比一代强。

❧ 译者有话说 ❧

本章的主题是传播和应用软件工程的创新技术。研究结果表明，大量有益的创新实践被验证后却鲜有人问津，少数幸运的软件创新工程实践从创新阶段最终得到了普遍应用，不过走完全过程通常需要 10 到 15 年。这究竟是什么原因？

1. 从创新实践使用者来看可以分成 5 类：创新者、早期采纳者、早期大众、晚期大众和落伍者，后面三类人比较谨慎，担心应用创新实践可能带来的失败。

2. 软件工业面临技术推广缓慢的问题，应用创新实践的最大挑战是如何将创新方法推广到实际需要它们的地方，传播和推广先进软件技术是关键。作者推荐了世界上最成功的机构之一——美国农业推广服务系统，它在宣传推广创新技术以及辅导农户应用创新实践方面发挥了巨大的作用。软件工程行业也可以借鉴它们的思路和经验。